矿山放水试验实践

喻希乐　许光泉　等●著
何吉春　施安才

中国科学技术大学出版社

内容简介

本书以位于淮南矿区潘集背斜的潘北煤矿为研究对象,在分析淮南矿区宏观地质条件、水文地质条件的基础上,完成了 A 组煤层底板 -490 m 水平灰岩含水层的放水试验设计、放水试验过程并获得了丰富的现场试验资料。通过试验对灰岩含水层水文地质条件有了系统认识,尤其是试验区内不同断层的导水、隔水性。计算了研究区的水文地质参数,建立了水文地质概念模型和数学模型,利用 Modflow 软件识别了含水层的参数,开展了灰岩水的疏放性评价,并采用多种方法预测了矿井涌水量。针对矿山多种充水水源,研发了"矿区突水水源判别与分析系统"。

本书主要面向矿山水文勘探地质、矿山水文地质、采矿和掘进、隧道工程等相关行业的工程技术人员,也可供高等院校师生、矿山科研人员参考。

图书在版编目(CIP)数据

矿山放水试验实践/喻希乐,许光泉,何吉春,施安才等著. —合肥:中国科学技术大学出版社,2014.4
ISBN 978-7-312-03391-9

Ⅰ.矿… Ⅱ.①喻… ②许… ③何… ④施… Ⅲ.矿山—放水—试验 Ⅳ.TD743

中国版本图书馆 CIP 数据核字(2013)第 320868 号

出版	中国科学技术大学出版社
	安徽省合肥市金寨路 96 号,230026
	http://press.ustc.edu.cn
印刷	中国科学技术大学印刷厂
发行	中国科学技术大学出版社
经销	全国新华书店
开本	710 mm×1000 mm 1/16
印张	15
字数	320 千
版次	2014 年 4 月第 1 版
印次	2014 年 4 月第 1 次印刷
定价	36.00 元

前　　言

矿山水文地质勘探不仅包括建井前和生产过程中的地面勘探工程，井下水文地质补勘工程也是其重要的组成部分。为了探查矿产资源在开采过程中受到充水含水层威胁的水文地质条件，开展井下水文地质补充勘探——放水试验，是最直接、最有效的方法。《煤矿防治水规定》第三十六条明确规定："矿井有下列情形之一的，应当在井下进行水文地质勘探：（一）采用地面水文地质勘探难以查清问题，需在井下进行放水试验或者连通（示踪）试验……"，井下放水试验作为矿山的水文补充勘探方法，与地面水文地质勘探融为一体，形成一个完整的矿山防治水勘探工程。

潘北煤矿是安徽淮南矿业（集团）有限责任公司所辖的大型生产矿井，位于潘谢矿区的潘集背斜的北翼转折端。潘集背斜轴部为寒武系、奥陶系与石炭系灰岩露头区，经地震勘探发现，该露头区发育古岩溶，如溶洞、岩溶塌陷等，储存着丰富的地下水资源，但给矿山开采带来了水害问题。

该矿二叠系煤层隐伏于巨厚新生界松散层之下，位于石炭系太原组与奥陶系地层之上。矿山充水水源为新生界松散砂层孔隙水，煤系顶、底板砂岩裂隙水及底板岩溶水等。目前，主采 13-1、11-2、8、5-2、4-1 以及 A 组等煤层。A 组煤层含 1、3 两层煤，其中，3 煤厚为 0.47～9.06 m，平均为 4.98 m；1 煤厚为 0.28～10.17 m，平均为 3.58 m。煤层结构简单，赋存稳定，煤质优良，总储量为 2 666.35 万吨，占矿井总储量的 24.1%。A 组煤层在开采过程中受到来自底板岩溶的水害威胁。

为尽快查明 A 组煤底板灰岩水文地质条件，采用井上、下相结合的综合立体式水文地质勘探方法，时序上分为以下两个阶段：

第一阶段，地面补充水文勘查阶段：在 2009 年 11 月至 2010 年 8 月间，实施了"A 组煤底板灰岩地面水文地质勘探"工程，完成了地面 13 孔抽水试验，建立了各含水层水位观测系统，并对地面 20 个水位长观孔采用无线自动化遥控观测。与此同时，2009 年 12 月，启动了井下-490 m 水平 C_1 组灰岩水文地质勘探工程，截止到 2011 年 8 月底，完成井下 C_1^1 灰岩放水巷道和三灰石门（C_1^1～$C_1^{3下}$ 灰岩石门）施工，进尺 3 569.5 m 以及 C_1 组灰岩钻孔 85 个，进尺为 14 942.5 m，钻孔累计放水量为 462 206 m³。

第二阶段，井下放水试验阶段：由于-490 m 水平西翼的地质构造较复杂，出现了 C_1 组灰岩钻孔放水量大、水位（压）降幅较小、个别钻孔水温异常偏高以及地面灰岩观测孔水位异常等现象。利用-490 m 水平灰岩巷道东翼的 12 个钻场、ES_1 和 ES_2 两个石门以及西翼 9 个钻场（DF_1 断层以西）、一个石门（WS_1）的放水孔及观测孔，在保持东翼正常放水条件下，开展对西翼的放水试验，共分成四个阶段：① 总恢复阶段；②

WS_1 石门东侧钻孔放水—恢复阶段;③ WS_1 石门西侧钻孔放水—恢复阶段;④ 西翼总放水阶段。

整个放水试验从 2011 年 8 月底至 11 月中旬,历时 76 天。采集了大量的基础数据,其中,背景值观测 1 次,放水试验 3 次,恢复试验 3 次,连通试验 3 次。采集了常规水样 100 个,微量元素水样 78 个;观测了水量数据 6 955 个,水压数据 17 625 个,水位数据 6 344 个,水温数据 6 955 个。其间,提交了简报 64 份,完成了四个阶段的试验成果总结报告 4 份,附表 15 份,附图 25 件,提交总结报告 1 份。

潘北煤矿群孔多阶段的放水试验是淮南煤田潘谢矿区首次进行的规模较大的井下灰岩含水层水文地质试验。它具有程序复杂、历时长、观测指标多、采集数据量大、参与人员多等特点,也是整个淮南矿区灰岩水防治研究的一个里程碑。它是一次在复杂水文地质条件下开展的灰岩水防治试验工程,拉开了潘谢矿区 A 组煤层开采时底板灰岩水威胁研究的序幕。

通过放水试验获得了以下成果:

(1) 进一步查明了井田水文地质条件,包括研究区内不同断层的导水、隔水性质,确定了以 DF_1 为界,将试验区分为东翼和西翼两个区块的合理性。

(2) 计算了试验区 C_I 组灰岩含水层的水文地质参数。

(3) 结合连通试验方法,查明了不同灰岩含水层之间的水力联系以及断层导、隔水性质,分析了西翼观测水位异常变化的原因。

(4) 根据放水过程中水温水量的变化特征,揭示了 WS_1 石门水温异常变化的原因,得出了整个研究区由露头到深部的富水性变化规律。

(5) 建立了研究区的地下水数值模拟模型,评价了不同方案及不同开采水平下的疏放可行性,并预测了涌水量。

综上所述,放水试验不仅积累了丰富翔实的水文地质基础资料,分析了放水试验过程中的各种水文地质现象,获得了较为可靠的阶段性成果,且为潘北矿 A 组煤层开采过程中对灰岩水害的防治提供了依据。同时,也锻炼了一批从事矿山水害防治工作的工程技术人员,培养了一批水文地质工程技术骨干,是一次产、学、研相结合的成功实例。整个放水试验过程得到了淮南矿业(集团)有限责任公司领导、生产部领导的大力支持与指导以及安徽理工大学研究生的协助,在此表示衷心感谢。

本书写作人员为淮南矿业(集团)有限责任公司潘北煤矿喻希乐、何吉春、施安才、蒲治国、王毅、程建成;安徽理工大学许光泉、刘丽红;安徽省煤田地质局谢志刚;南京大学博士生赵雨晴。

本书对整个放水试验过程进行了系统总结与分析,作为矿山防治水工程的一个范例,可为其他类似矿山水文补充勘探、隧道工程施工以及基坑施工起到抛砖引玉的作用。

由于作者水平有限,加之时间仓促,书中难免存在不足之处,敬请读者批评指正。

作者

2013 年 10 月

目 录

前言 ·· (i)

第一章 地质概况 ··· (1)
第一节 区域地质概况 ··· (1)
一、构造 ·· (1)
二、地层 ·· (2)
三、水文地质条件 ·· (5)
第二节 潘北煤矿地质概况 ·· (9)
一、地层 ·· (9)
二、构造 ·· (10)
三、水文地质条件 ·· (15)

第二章 放水试验 ··· (21)
第一节 试验背景 ··· (21)
一、C_I组灰岩出水量情况 ·· (21)
二、C_I组灰岩含水层水压变化情况 ·· (23)
三、地面观测孔水位变化情况 ·· (24)
第二节 放水试验目的与任务 ·· (28)
一、放水试验目的 ·· (28)
二、放水试验任务 ·· (28)
第三节 试验要求及方法 ·· (29)
一、试验要求 ·· (29)
二、试验方法 ·· (29)
第四节 放水试验工程布置 ·· (30)
一、−490 m 水平钻场（孔）布置 ·· (30)
二、地面水位观测孔布置 ·· (30)
第五节 试验程序 ·· (34)
一、背景值观测阶段 ·· (34)
二、西翼总恢复阶段 ·· (34)

三、WS$_1$ 石门东侧钻孔放水试验 …………………………………（34）
　　四、WS$_1$ 石门西侧钻孔放水试验 …………………………………（35）
　　五、总放水阶段 ……………………………………………………（35）
 第六节　试验观测 ……………………………………………………（35）
　　一、试验观测孔分类 ………………………………………………（35）
　　二、试验观测内容及要求 …………………………………………（38）
 第七节　试验过程中干扰因素 ………………………………………（39）
　　一、东翼放水孔 ……………………………………………………（39）
　　二、西翼灰岩出水点 ………………………………………………（40）

第三章　矿山地下水自动化监测系统 ………………………………（41）
 第一节　系统介绍 ……………………………………………………（41）
　　一、系统功能 ………………………………………………………（41）
　　二、系统结构 ………………………………………………………（42）
　　三、软件系统组成及功能 …………………………………………（44）
　　四、系统主要技术指标 ……………………………………………（44）
 第二节　系统分站功能及安装 ………………………………………（46）
　　一、地面各含水层水位监测 ………………………………………（46）
　　二、地面水文长观孔无线遥测分站 ………………………………（48）

第四章　放水试验观测数据整理与分析 ……………………………（49）
 第一节　放水量动态 …………………………………………………（49）
　　一、试验前水量动态 ………………………………………………（49）
　　二、第一阶段放水孔水量动态 ……………………………………（50）
　　三、第二阶段放水孔水量动态 ……………………………………（52）
　　四、第三阶段放水孔水量动态 ……………………………………（55）
　　五、第四阶段放水孔水量动态 ……………………………………（56）
　　六、放水试验阶段总涌水量动态 …………………………………（59）
 第二节　水压动态变化 ………………………………………………（61）
　　一、试验前水压动态 ………………………………………………（61）
　　二、第一阶段水压动态 ……………………………………………（61）
　　三、第二阶段水压动态 ……………………………………………（69）
　　四、第三阶段水压动态 ……………………………………………（76）
　　五、第四阶段水压动态 ……………………………………………（83）
 第三节　各含水层水位动态 …………………………………………（88）
　　一、试验前水位动态 ………………………………………………（88）

二、第一阶段水位动态 ……………………………………………（89）

三、第二阶段水位动态 ……………………………………………（95）

四、第三阶段水位动态 ……………………………………………（102）

五、第四阶段水位动态 ……………………………………………（111）

第五章 水文地球化学与温度变化特征 …………………………………（119）

第一节 水文地球化学特征 ………………………………………（119）

一、常规组分 ………………………………………………………（119）

二、−490 m 水巷道平东、西翼巷道水质空间特征 ……………（126）

三、−490 m 巷道不同出水点水质特征 …………………………（129）

第二节 水化学类型 ………………………………………………（130）

一、太原组灰岩水 …………………………………………………（131）

二、奥陶系灰岩水 …………………………………………………（131）

三、太原组—奥陶系混合水 ………………………………………（132）

四、二叠系砂岩裂隙水 ……………………………………………（132）

五、新生界松散层水 ………………………………………………（133）

第三节 地下水水温特征 …………………………………………（134）

一、各放水孔观测点水温特征 ……………………………………（134）

二、水温异常现象 …………………………………………………（135）

第六章 −490 m 水平 C_I 组灰岩水文地质条件 ………………………（140）

第一节 潘谢矿区地下水补径排特征 ……………………………（140）

一、地下水补给 ……………………………………………………（140）

二、地下水径流 ……………………………………………………（140）

三、地下水排泄 ……………………………………………………（140）

第二节 试验区地下水补径排特征 ………………………………（141）

一、东翼地下水补、径、排 ………………………………………（141）

二、西翼地下水补、径、排 ………………………………………（143）

第三节 试验区 C_I 灰岩地下水流场特征 ………………………（149）

一、总恢复阶段 ……………………………………………………（149）

二、WS_1 石门东侧放水与恢复阶段 ……………………………（151）

三、WS_1 石门西侧放水与恢复阶段 ……………………………（151）

四、西翼总放水阶段 ………………………………………………（153）

第四节 试验区断层导、阻水性质初步分析 ……………………（153）

一、F_1、DF_{13} 和 DF_9 断层 …………………………………（156）

二、DF_1、DF_{1-1} 与 F_{A-1} 断层 ……………………………（159）

三、F_{70}、WF_1 断层 ……………………………………………………（160）
　第五节　富水性特征 …………………………………………………………（163）
　　一、单位涌水量 ………………………………………………………………（163）
　　二、水量变化 …………………………………………………………………（164）
　第六节　区块划分 ……………………………………………………………（166）

第七章　水文地质参数计算 …………………………………………………（169）
　第一节　概述 …………………………………………………………………（169）
　第二节　计算方法 ……………………………………………………………（169）
　　一、放水试验阶段 ……………………………………………………………（170）
　　二、水位恢复阶段 ……………………………………………………………（171）
　　三、群孔放水相互干扰下的含水层参数计算方法 …………………………（171）
　第三节　东翼区块水文地质参数计算 ………………………………………（172）
　　一、背景分析 …………………………………………………………………（172）
　　二、计算时段及孔位的选择 …………………………………………………（173）
　　三、结果计算 …………………………………………………………………（173）
　第四节　西翼区块水文地质参数计算 ………………………………………（174）
　　一、背景分析 …………………………………………………………………（174）
　　二、计算时段及孔位的选择 …………………………………………………（174）
　　三、结果计算 …………………………………………………………………（174）
　第五节　水文地质参数分区 …………………………………………………（175）

第八章　试验区 C_1 组灰岩地下水数值模拟 ……………………………（177）
　第一节　三维地下水流有限差分基本原理及方法 …………………………（177）
　第二节　水文地质概念模型 …………………………………………………（178）
　　一、模拟区范围 ………………………………………………………………（178）
　　二、含水层结构概化 …………………………………………………………（178）
　　三、补给、排泄项 ……………………………………………………………（179）
　　四、边界条件 …………………………………………………………………（179）
　第三节　数学模型及求解方法 ………………………………………………（179）
　　一、数学模型 …………………………………………………………………（179）
　　二、求解方法 …………………………………………………………………（180）
　第四节　模型划分 ……………………………………………………………（185）
　　一、模型划分 …………………………………………………………………（185）
　　二、模型参数分区 ……………………………………………………………（185）
　　三、初始条件 …………………………………………………………………（187）

四、模拟时段选定 ………………………………………………………… (187)
 第五节　模型识别与验证 …………………………………………………… (187)
　　一、模型识别与验证要求 ………………………………………………… (187)
　　二、识别与验证阶段 ……………………………………………………… (188)
　　三、数值模拟流场 ………………………………………………………… (195)
　　四、含水层参数分区确认 ………………………………………………… (196)
　　五、模拟结果分析 ………………………………………………………… (198)

第九章　C_I组灰岩水疏放性评价及涌水量预测 ……………………………… (199)
 第一节　煤层底板突水评价 ………………………………………………… (199)
　　一、突水系数法 …………………………………………………………… (199)
　　二、突水系数影响因素 …………………………………………………… (199)
　　三、煤层底板突水系数 …………………………………………………… (200)
 第二节　含水层疏放试验 …………………………………………………… (201)
　　一、疏放试验方案 ………………………………………………………… (201)
　　二、疏水降压效果 ………………………………………………………… (202)
 第三节　C_I组灰岩涌水量预测 …………………………………………… (204)
　　一、基本参数选取 ………………………………………………………… (204)
　　二、C_I组灰岩涌水量预算 …………………………………………… (204)
 第四节　涌水量预测比较 …………………………………………………… (210)

第十章　突水水源判别与分析系统 …………………………………………… (212)
 第一节　多水源判别基本原理 ……………………………………………… (212)
　　一、多元逐步Bayes判别的方法 ………………………………………… (212)
　　二、距离判别方法 ………………………………………………………… (215)
　　三、灰色关联分析方法 …………………………………………………… (215)
　　四、模糊综合评判方法 …………………………………………………… (216)
 第二节　潘北矿突水水源判别实现 ………………………………………… (217)
　　一、水源判别分析模块 …………………………………………………… (217)
　　二、Piper三线图绘制模块 ……………………………………………… (221)
　　三、水质报表模块 ………………………………………………………… (221)
　　四、模型应用 ……………………………………………………………… (223)

参考文献 ………………………………………………………………………… (226)

第一章 地 质 概 况

第一节 区域地质概况

一、构造

淮南煤田位于华北板块最南缘,北邻蚌埠隆起,南临合肥坳陷,东至郯庐断裂,西止周口坳陷。三叠纪以来的印支期、燕山期的构造运动,形成了淮南近东西向的复向斜构造以及东西向与北北东向断裂相叠加的构造格局。复向斜,有谢桥古沟向斜、陈桥背斜、潘集背斜和耿村向斜等;南边有寿县老人仓断层、舜耕山逆冲推覆构造和阜凤逆断层;北边有明龙山—上窑山滑塌构造,如图1-1、图1-2所示。

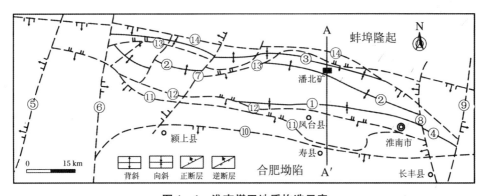

图1-1 淮南煤田地质构造示意

①谢桥—古沟向斜;②陈桥—潘集背斜;③尚塘集—朱村集向斜;④永康背斜;⑤阜阳断裂;⑥西番楼断裂;⑦陈桥—颍上断裂;⑧新城口—长丰断裂;⑨武店断裂;⑩寿县—老人仓断裂;⑪舜耕山断裂;⑫阜阳—凤台断裂;⑬杨村集—朱集断裂;⑭刘府断裂

华北板块在志留系与泥盆系地层缺失,期间处于抬升状态,接受各种风化作用及地表、地下水流作用,形成了各种古岩溶地貌。

在侏罗系、白垩系及早第三系漫长的地质历史时期内,淮南煤田处于剥蚀夷平状态,形成了东南高、西北低的古地貌形态。晚第三纪早期,地壳普遍下沉,发生沉积。第四纪以来的新构造运动,东西沉降速率倒置,形成了平原西北略高于东南的现代地

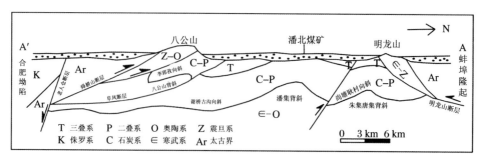

图 1-2 淮南煤田地质剖面图

貌景观。

近年来,随着潘谢矿区多种地质勘探工程日益增加,淮南煤田相继发现了大小不一岩溶陷落柱(带)或构造带。截至目前,淮南煤田共发现 13 个。其中,孔集矿 1 个,谢桥矿 2 个,张集矿 1 个,潘三矿实见 1 个、疑似 3 个,朱集矿疑似 1 个,顾桥矿为 2 条带状构造异常体,刘庄矿 1 个,新集三矿 1 个,其分布见图 1-3。

截至目前淮南煤田内通过巷道或工作面揭露或探明的构造异常带及陷落柱情况如表 1-1 所示。

表 1-1 淮南煤田岩溶陷落柱及地质构造带一览表(截至 2012 年)

煤 矿	分布情况	出水情况
潘三矿	实见 1 个,疑似 3 个	12318 工作面实际揭露,未出水
谢桥矿	实见 2 个	实际揭露 1 个,未出水
孔集矿	实见 1 个	对西八线 A 组煤开采有影响
张集矿	探测 1 个	尚未揭露
朱集矿	疑似 1 个	尚未揭露
顾桥矿	实见 2 个,带状构造异常体	揭露,未出水
刘庄矿	实见 1 个	井下揭露
新集三矿	实见 1 个	地表

二、地层

淮南煤田位于黄淮平原,除南北两翼低山残丘出露有前震旦系变质岩、震旦系、寒武系、奥陶系碳酸盐地层外,全区均被新生界松散层所覆盖。

由老至新,矿区发育地层有:震旦系、寒武系、奥陶系、石炭系、二叠系、三叠系、第三系和第四系,其中,二叠系山西组和上、下石盒子组为主要含煤地层,其层序见表 1-2。

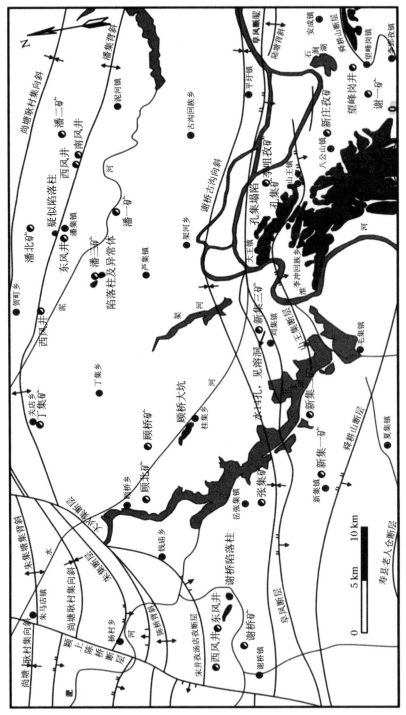

图 1-3 淮南煤田岩溶陷落柱(构造异常体)分布图

表 1-2 淮南区域地层简表

地层系统				岩性描述
界	系	统	群、组	
新生界	第四系	全新统 更新统		浅黄、灰黄色亚黏土、黏土和粉细砂等
	上第三系	上新统 中新统		灰绿色固结黏土夹砂层,含少量铁锰质结核
	下第三系	渐新统 始新统		浅灰色、棕褐色砂、泥岩及互层、夹砂砾岩
中生界	白垩系	上统		紫红色粉、细砂岩、砂砾岩
		下统		紫红色泥岩、粉砂岩、细—中砂岩
	侏罗系	上统		凝灰岩和安山岩、粉砂岩等
	三叠系	下统		紫红色砂、泥岩
古生界	二叠系	上统	石千峰组	紫红、灰绿色泥岩、细砂岩、石英砂岩
			上石盒子组	深灰色泥岩、砂岩、石英砂岩、含煤层
		下统	下石盒子组	灰色砂、泥岩及互层、炭质泥岩、含煤层
			山西组	泥岩、粉砂岩、含煤层
	石炭系	上统	太原组	灰岩为主,夹砂、泥岩,含薄煤层
	奥陶系	中统		白云岩夹薄层页岩
		下统		白云岩、白云质灰岩、泥质白云岩
	寒武系	上统		白云岩、硅质结核白云岩、竹叶状、鲕状灰岩
		中统		鲕状、砾状灰岩、含白云岩、夹棕黄色砂岩、页岩
		下统		泥质灰岩、豹皮状灰岩、生物碎屑灰岩及砂质灰岩、紫红色页岩
上元古界	震旦系	下统		白云岩、泥灰岩、夹竹叶状灰岩、石英岩及钙质砂岩、钙质页岩
	青白口系		徐淮群 八公山群	页岩、泥灰岩、钙质粉砂岩、石英砂岩、灰质白云岩
下元古界			凤阳群	千枚岩、白云岩、大理岩、白云质石英片岩、石英岩
上太古界			五河群	片麻岩、变粒岩、斜长角闪岩韵律互层

三、水文地质条件

按多孔介质性质将区域含水层划分为新生界松散孔隙含(隔)水层系统及基岩裂隙(溶隙)含水层系统。

(一) 新生界松散孔隙含(隔)水层系统

淮南煤田上覆新生界松散孔隙含(隔)水层,自上而下分述如下:

(1) 第四系含(隔)水层:厚0～120 m,上段以细砂为主,夹多层黏土、砂质黏土,为潜水—承压含水层;中下段以细砂、中砂为主,夹砂质黏土,为承压含水层。

(2) 上新统含(隔)水层:厚90 m左右,以中细砂为主,夹多层黏土及砂质黏土,为承压含水层,富水性较强。

(3) 中新统上、中段含(隔)水层:厚0～89 m,以黏土层为主,为隔水层,局部地段砂层富集。

(4) 中新统下段含(隔)水层:厚0～96 m,岩性以棕色、灰绿色砂砾层为主,夹多层黏土,为承压含水层。受砂砾层及黏土层厚度在空间上变化影响,富水性差别较强,如潘集地区富水性相对较强,为 0.02～2.40 L/(s·m),水质为 Na^+-Cl^- 型,而张集、谢桥矿区富水性较弱。

(二) 基岩裂隙(溶隙)含水层系统

依据淮南矿区构造及水文地质条件,即受南北两翼走向逆断层控制,中间形成淮南复向斜,将整个矿区划分成南区、中区、北区三个含水层亚系统,如图1-4所示。

1. 南部含水层亚系统

位于复向斜的南翼推覆体构造前缘,间夹于阜凤与舜耕山逆冲断层之间。在八公山、舜耕山等低山丘陵地段,主要为寒武系、奥陶系灰岩露头,长期接受大气降水入渗补给,由于舜耕山断层的阻水作用,导致地下水沿断层面上溢形成上升泉,水质类型为低矿化度重碳酸盐型,现基本干涸。在二断层之间从李二矿至孔集,分布多对矿井,如图1-5所示。

矿井开采过程中煤层顶底板砂岩裂隙水为直接充水水源,浅部接受大气降水入渗补给,出水量较大,而越往深部则水量变小。

该区 A 组煤开采时,浅部接受露头区灰岩含水层的侧向补给,从 -280 m、-480 m 至 -660 m 水平,补给条件逐渐变差,灰岩含水层的富水性由强变弱。

浅部地下水长观孔水位随季节变化较大,地下水以垂直循环为主,地下水向深部运动受阜凤断裂所阻,流动滞缓。同时,灰岩水的出现则由小到大呈逐渐增加趋势,如图1-6所示。

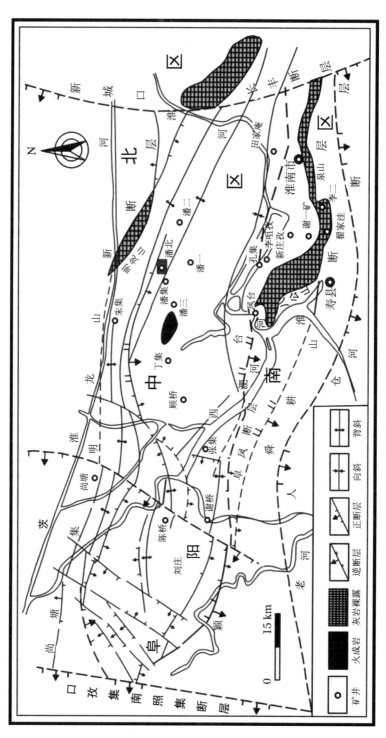

图1-4 淮南煤田水文地质分区概要图

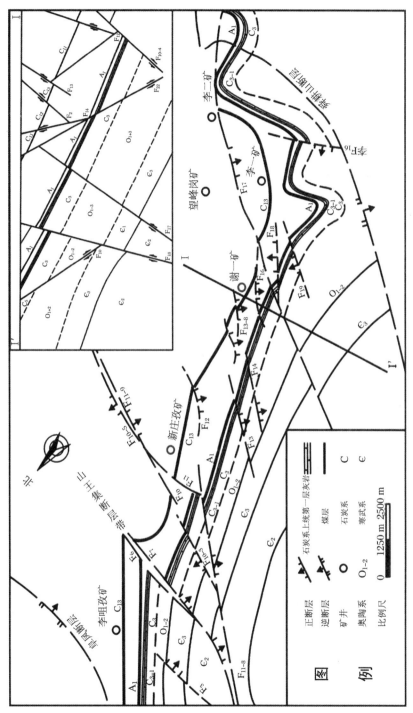

图 1-5 淮河以南矿区地层与构造示意图

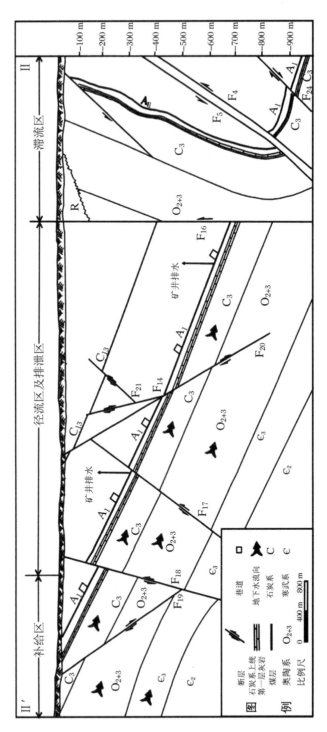

图1-6 碳酸岩含水层地下水径流剖面图

2. 中部含水层亚系统

为淮南煤田复向斜,包括潘集、谢桥、刘庄、顾桥、刘庄、口孜东等主要矿井。上覆厚度为 180～450 m 的新生界松散层,因南北两翼逆冲断层的阻水作用,切断了露裸区的补给水源,加之斜切断层的分割,形成了一个相对封闭的水文地质单元,地下水以静储量为主,自然状态下基本处于停滞状态,水质为 $Na^+ — Cl^-$ 型,一般矿化度大于 2.0 g/L。

目前,各矿井排水量为 100～300 m³/h。随着矿井向深部开采,矿井涌水量呈现衰减趋势。自谢桥矿东一、东二风井及 −440 m 回风巷道发生底板灰岩突水以来(1989 年 6 月至 1993 年 10 月,共 5 次),中部含水系统亚区灰岩含水层水位呈现下降趋势。谢桥—张集矿灰岩含水层具有统一的地下水流场。潘北煤矿位于该系统内,具有类似特征。

3. 北部含水层亚系统

包含明龙山和上窑两个丘陵地区,受尚塘集—明龙山逆冲断层控制,水文地质条件与南部含水系统亚区近似,接受大气降水入渗补给,为低矿化度的重碳酸型地下水。

第二节 潘北煤矿地质概况

一、地层

潘北煤矿为全隐伏式井田,自上而下为第四系、第三系、二叠系、石炭系、奥陶系、寒武系。其中,二叠系的山西组为含煤地层,由老至新分述如下。

(一) 寒武系(ϵ_3)

据潘一矿凤深 1 号孔资料,寒武系总厚 965.50 m,井田内未全揭露。岩性为由浅灰色白云岩、灰质白云岩、团块状灰岩及鲕状灰岩组成,夹紫色页岩、薄层泥灰岩、砂岩等,为细晶—粗晶质结构。

(二) 奥陶系(O_{2+3})

与石炭系、寒武系地层呈不整合接触,地层总厚 100.06～109.33 m。大体为灰色、灰褐色、灰白色,局部为肉红色或紫红色。岩性为厚层灰质白云岩、白云质灰岩、石灰岩及薄层泥灰岩、钙质页岩等,底部为灰色泥岩、灰绿色泥岩、砂质泥岩。隐晶致密—细晶结构,下部裂隙溶洞发育。

(三) 石炭系太原组(C_3)

假整合于奥陶系马家沟组之上,地层总厚 107.98～118.04 m。由灰色、灰白色、深灰色灰岩、泥岩、砂质泥岩和中细砂岩、薄煤层组成,局部具鲕状构造,鲕粒分布不均匀,底部为 1.52～6.03 m 厚的铝质泥岩,局部有岩浆岩侵入。

本层灰岩共 13 层,其中,C_3^{12} 灰岩全区分布稳定,厚度为 8.88～14.69 m。灰岩含丰富的海百合茎、纺锤蜓及珊瑚等化石。在砂质泥岩中含有较多的腕足类及形体较小的瓣鳃类化石。

(四) 二叠系(P)

整合于石炭系太原组之上,自下而上分为山西组、下石盒子组、上石盒子组和石千峰组,总厚 983 m,主要由煤、砂岩、粉砂岩和泥岩组成,其中有开采价值的约 14 层煤,厚度为 32.74 m,占煤层总厚度的 84.38%。

(五) 下第三系

厚 27 m,由淡红、暗红色黏土岩、粉砂岩及细砂岩组成,局部为青灰、灰色,底部含石英质砾石为泥质及钙质胶结。

(六) 新生界

新生界松散层由第四系和上第三系组成,厚度由东南 227.40 m 向西北增厚至 486.60 m,由下而上为分述如下。

1. 第三系中新统(N_1)

地层厚度为 0～91.70 m,岩性为灰绿、棕黄、褐红等色,松散—半固结状,以含泥砂砾层为主,间夹各级砂粒和黏土。

2. 第三系上新统(N_2)

地层厚度为 143.98～303.86 m,上部为灰绿色中砂、粗砂及细砂;中部为浅灰色中砂、细中砂及中粗砂与灰绿色固结黏土、砂质黏土;下部为浅灰绿色固结黏土及砂质黏土。

3. 第四系(Q)

地层厚度为 84.60～113.6 m,上部全新统为土黄色砂质黏土和褐黄色粉细砂;下部更新统为棕黄色砂质黏土、细砂、粉砂,局部为中粗砂;底部为黏土。

二、构造

潘北煤矿位于潘集背斜北翼,西南部为潘集背斜的倾伏转折端,井田总体为一单斜构造(图 1-7)。地层走向 N55°～70°W,仅局部地层走向发生转折,如潘集背斜倾伏端,地层走向逐渐向东南呈弧形。地层倾向 NE,倾角变化较大,总体上沿走向西陡东缓,沿倾向有浅缓、中陡、深缓的反"S"形特征。

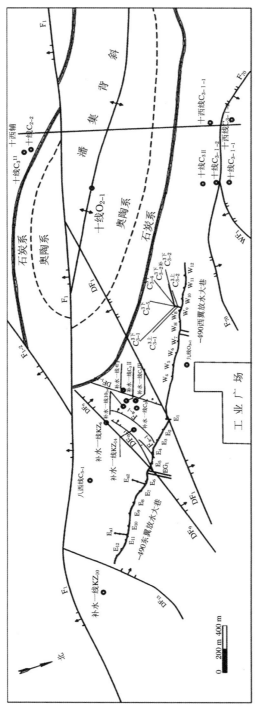

图1-7 潘北煤矿地质构造图

（一）断层

井田内发育有 F_1、F_{70}、F_{66}、F_{69}、F_{72} 等大断层，其走向延伸长、切割深、垂直落差大、水平断距宽，倾角变化大，贯穿整个矿井。受褶曲和断层影响，井田内中、小断层发育。受区域构造构制，井田内断层大致可分为两组：一组为与 F_{66}、F_{72} 断层走向平行的逆断层；一组为与 F_1 断层一致的斜切正断层。

1. F_1 断层

位于井田东南部，为井田边界断层，贯穿井田，为正断层，走向为 N50°W～N75°W，倾向南，倾角为 70°～80°，落差为 10～193 m。在井田不同块段，断层导、阻水性存在差异，如在煤系地层中，断层东南段，导水性差、富水性弱；在灰岩地层及露头处，断层西段，导水性好、富水性强，为导、含水断层，如图 1-7 所示。

2. F_{66} 断层

位于矿井中部，贯穿全井田。为逆断层，走向为 EW，倾向为 S，倾角为 0°～72°，落差为 23～224 m，破坏了煤层连续性，对 11～16 煤层影响大。如在 F_{66}～F_{72} 之间的 13-1 煤层，埋藏深度在 750～800 m 之间。

3. F_{72} 断层

位于十一东线以东，大致与 F_{66} 平行展布，延展长度 7.7 km，为逆断层，走向为 NWW，倾向为 SW，倾角为 50°～70°，落差为 9～96 m，切割 18-1 煤层，如图 1-7 所示。

4. F_{69} 断层

位于八线～十东线，延展长度 3.6 km，为逆断层，走向为 N51°～69°W，倾向为 NE，倾角为 55°～84°，落差为 0～175 m。在八西线～十东线被 F_{66} 截切，截切深度在 -550～-800 m 之间，主要切割煤层为 16-7 煤层，派生逆断层为 F_{69-1}、F_{69-2}、F_{69-3}、DF_1。

5. F_{70} 断层

位于九西线～十一线，延展长度 2.8 km，为逆断层，走向为 N57°～81°W，倾向为 NE，倾角为 55°～78°，落差为 0～65 m，切割 8-1 煤层，深度一般在 -650 m 水平以上。断层西端在十一线与 F_{66} 上盘发生对接，次生逆断层为 F_{70-2} 断层，在井田西翼十线、十西线附近。

（二）褶皱

淮南煤田主体部分为区域性复向斜构造，它控制整个井田构造形态；次一级褶皱，控制着井田地质及水文地质条件，具体内容分述如下。

1. 潘集背斜

位于陈桥—潘集背斜东段，轴向为 NWW，为一不对称背斜，南缓北陡，背斜轴在走向上亦有波状起伏，背斜鞍部断层较发育。十三线以西受断层影响，在背斜处裂隙发育，沿背斜轴部附近有岩浆岩侵入。

潘集背斜轴部依次出露有奥灰岩、太原组灰岩及二叠系地层（图 1-8、图 1-9）。

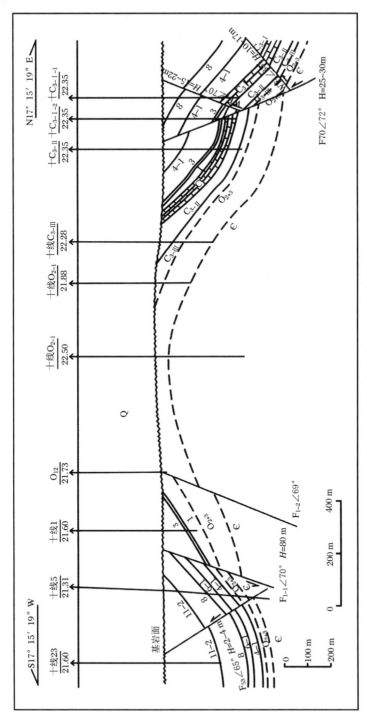

图1-8 潘集背斜地质剖面图（十线）

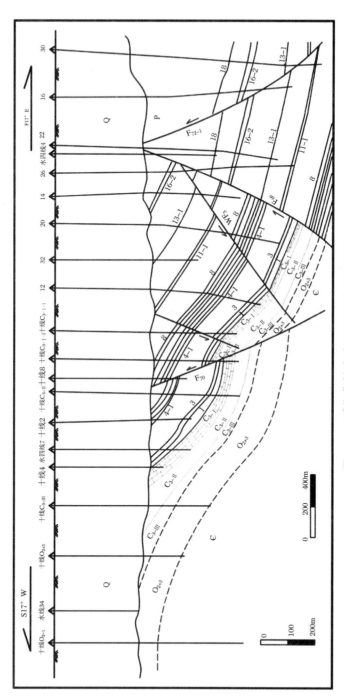

图 1-9 潘集背斜地质剖面图(潘北矿十线)

上覆新生界松散层,使基岩含水层与之发生不同程度的水力联系,尤其是断层,如 F_1、DF_1、DF_9 等切割,使背斜轴部水文地质条件进一步复杂化,对煤层(特别是 A 组煤)开采产生影响。

2. 尚塘—耿村集向斜

为区域性向斜,轴向与潘集背斜基本一致,为一宽缓向斜,位于井田东端的北边界限,由八线、十线控制。

3. 贺町褶皱

位于贺町集以西,为区内次一级褶皱,由一个背斜和一个向斜组成。轴向与潘集背斜一致。

三、水文地质条件

潘谢矿区多年开采实践表明:整个中部水文地质单元为一相对较为封闭,地下水以储存量为主,潘北矿位于淮南煤田中部水文地质单元,与潘一、潘二、潘三、丁集、朱集等矿井相邻,受区域构造控制。受开采疏放水影响,近几年来,灰岩含水层地下水位处持续下降状态。

(一)含、隔水层

井田含水层(组)自上而下由新生界松散层孔隙含水层(组),二叠系砂岩裂隙含水层(组),石炭系太原组、奥陶系及寒武系溶隙含水层(组)等组成。

1. 新生界含、隔水层(组)

受古地形控制,井田内新生界松散层厚度由东南(277.40 m)向西北(486.60 m)增加,十线北端古地形隆起处为 243.57 m。

(1)基岩面特征

受三叠纪后期的印支期、燕山期构造运动影响,井田形成了西南低、东南高的古地貌,并在此基础上,沉积了新生界松散层。

井田基岩标高在 $-220.82\sim-461.6$ m 之间,对应新生界松散南薄北厚,其变化在 $243.57\sim486.6$ m 之间(图 1-10)。

井田西南处为古潜山,其坡积物通过流水搬运作用,运移到至西北低洼处,形成含砾石黏土层,覆盖在基岩露头上。因此,底部松散层沉积物富水性对基岩含水层的补给有一定影响,并一定程度上导致各基岩含水层之间的水力联系程度。

(2)底部松散层富水性

在新生界含水层中,下部含、隔水层对井田煤层开采影响较大。该层厚为 7.55(西辅线 1-1 孔)~32.05 m(水四线 18 孔),平均为 22.00 m,为浅灰色细砂与粉砂,含有黏土,单位涌水量为 $0.000\,152\sim0.025\,2$ L/(s·m);下部隔水层厚度为 15.85(水四线 19)~27.55 m(水四线 18 孔),平均为 21.54 m,岩性为浅灰绿色固结黏土及砂质黏土,局部多含钙质,夹薄层粉细砂,偶见薄层含砾砂质黏土。

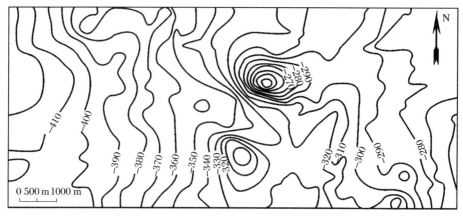

图 1-10 潘北矿基岩面等值线(单位:m)

2. 二叠系砂岩裂隙含水层(组)

(1) 1 至 17 煤之间砂岩裂隙含水层(组)

岩性以中细砂岩为主,局部为粗砂岩,砂岩累厚为 43.10~137.00 m,平均为 116.16 m。井田 127 个钻孔中,仅 3 个孔(八线 32 孔、九西线 2 孔、十四线 20 孔)漏水,漏水率为 2.4%,层位为 9 煤顶和 8 煤顶、底板砂岩。单位涌水量为 0.001 41~ 0.004 9 L/(s·m),渗透系数为 0.002 3~0.022 4 m/d;水质类型为 Na^+—Cl^- 型,矿化度为 1.575~1.659 g/L。

(2) 1 煤底板隔水层

1 煤底板至太原组 C_I^1 层灰岩顶板厚度为 11.10~21.08 m,平均为 16.33 m,十一线以西局部增厚至 35.97 m(十五线 8 孔)。岩性主要为海相泥岩、砂泥岩互层、粉砂岩及细砂岩,夹菱铁质结核。

3. 太原组灰岩岩溶裂隙含水层(组)

该层总厚为 107.98~118.04 m,平均为 113.09 m;含薄层灰岩,分为 C_I 组、C_{II} 组、C_{III} 三组,共 13 层。灰岩总厚为 40.48~52.70 m,平均为 46.75 m,占地层平均总厚的 41.33%。灰岩含水层富水性具有不均匀性,如在背斜轴部及灰岩露头处,裂隙、溶隙较为发育,富水性中等—强,而在深埋区,灰岩裂隙发育相对较差,富水性弱。

自上而下分为 C_I 组、C_{II} 组、C_{III} 组,每组含灰岩 3~6 层,具体分述如下。

(1) C_I 组灰岩

该组厚为 28.07~49.19 m,平均为 36.04 m,含 C_I^1、C_I^2、$C_I^{3上}$、$C_I^{3下}$ 共 4 层灰岩,其总厚为 12.90~29.32 m,平均为 19.72 m,占组厚的 54.7%。其中,$C_I^{3上}$ 层的厚度为 3.8~12.33 m,$C_I^{3下}$ 层的厚度为 5.43~16.8 m,区域分布稳定,C_I^2 层分布不稳定。

抽水试验成果如表 1-3 所示,单位涌水量为 0.000 06~0.020 5 L/(s·m),渗透系数为 0.000 15~0.109 m/d。总体上富水性较弱、渗透性差,矿化度为 1.95~ 2.55 g/L,水质为 $K^+ + Na^+$—Cl^- 型。但在潘集背斜位置,其富水性较强,单位涌水量为 0.187 L/(s·m)(十线 C_3^{11} 孔),为富水性中等。

表 1-3 石炭系太原组灰岩含水层抽水试验成果统计

序号	孔号	层位	静水位标高(m)	涌水量 Q (m^3/h)	单位涌水量 q (L/(s·m))	渗透系数 K (m/d)	水质类型
1	475		23.646	0.569	0.002 64	0.012 5	$K^+ + Na^+ - Cl^-$
2	476		23.319	0.587	0.002 65	0.009 93	$K^+ + Na^+ - Cl^+$
3	水四线 12		25.068	4.35	0.020 5	0.109	$K^+ + Na^+ - Cl^+$
4	补水一线 C_{3-I}		-5.856	0.082 1	0.001 23	0.004 6	
5	八西线 C_{3-I}		-13.905	0.007 2	0.000 06	0.000 15	
6	十线 C_{3-I-1}	C_I	2.342	0.107	0.000 323	0.001 2	
7	十线 C_{3-I-2}		1.82	0.436	0.001 9	0.004 2	
8	十西线 C_{3-I-1}		1.77	0.18	0.000 56	0.002 1	
9	十西线 C_{3-I-2}		1.59	0.018	0.000 5	0.000 167	
10	$KZ_{10补}$		-7.53	0.36	0.000 94	0.002 3	
11	补水一线 C_{3-II}		2.054	0.003 8	0.000 2	0.000 65	
12	十线 C_{3-II}	C_{II}	2.25	0.057 6	0.000 17	0.000 89	
13	$KZ_{13补}$		-143.34	0.108	0.000 6	0.004	
14	水四线 16		21.629	0.014	0.000 22	0.001 2	
15	补水一线 C_{3-II}	C_{III}	0.38	1.368	0.009 58	0.059	
16	$KZ_{12补}$		-8.43	0.03	0.000 045	0.000 2	
17	13	C_{I-}	7.03	1.746	0.011 9	0.009 35	$K^+Na^- - Cl^- + HCO_3^-$
18	五线 1	C_{III}	28.03	2.963	0.013 3	0.296 4	$K^+Na^- - Cl^- + HCO_3^-$

(2) C_{II} 组灰岩

该组厚为 41.58~58.63 m,平均为 48.39 m,含 C_{II}^4、C_{II}^5、C_{II}^6、C_{II}^7、C_{II}^8、C_{II}^9 等,共 6 层灰岩,其总厚为 14.93~17.37 m,平均为 16.07 m,占组厚的 33.2%。在各层灰岩中,以 C_{II}^5、C_{II}^{10} 层相对较厚,C_{II}^6、C_{II}^8 层相对较薄。

据抽水试验成果表 1-3,单位涌水量为 0.000 17~0.000 6 L/(s·m),渗透系数为 0.000 65~0.004 m/d。

(3) C_{III} 组灰岩

该层厚度为 25.12~34.06 m,平均为 30.02 m,含 C_{III}^{10}、C_{III}^{11}、C_{III}^{12} 共 3 层灰岩,其总厚为 11.96~19.35 m,平均为 16.28 m,占组厚的 54.2%。以 C_{III}^{12} 层为最厚,且分布稳

定,C_{III}^{12}层分布不稳定;C_{III}^{12}层灰岩距奥陶系灰岩为4.62～9.86 m。

单位涌水量为0.000 045～0.009 58 L/(s·m),渗透系数额0.000 2～0.059 m/d,富水性弱。

4. 奥陶系灰岩岩溶裂隙含水层

钻孔揭露该层厚度为99.92～109.33 m,岩性主要为灰质白云岩,以及泥质灰岩,少数为钙质泥岩、铝质泥岩,偶见角砾状灰岩。奥灰局部裂隙发育,具水蚀现象,以网状裂隙为主,其宽度为2～4 mm,多为方解石充填。总体上,奥陶系灰岩溶隙较发育,尤其是在背斜轴部露头处。

奥陶系灰岩含水层富水性为非均匀性。在背斜轴部富水性较强,据抽水试验水四线5孔资料(表1-4),其水位标高为27.847 m,单位涌水量为0.585 L/(s·m),渗透系数为1.019 m/d,导水系数为10.52 m^2/d,储水系数为6.48×10^{-7},富水性中等,导水性较强,水温为39 ℃,矿化度为2.645 g/L,水质为$K^+ + Na^+ — Cl^-$型。在背斜轴两侧的灰岩深埋区,富水性逐渐减弱。据抽水试验资料(补水一线O_{1+2}、九线O_{1+2}孔)可知,单位涌水量为0.007～0.011 6 L/(s·m),渗透系数为0.006～0.012 m/d,富水性弱、导水性差,矿化度为2.432～2.54 g/L,水质为$K^+ + Na^+ — Cl^-$型。

此外,三维地震及电法勘探表明:潘北矿灰岩露头区岩溶发育,存在岩溶塌陷、岩洞等。

表1-4 奥灰、寒灰抽水试验成果统计

层位	孔号	静水位标高(m)	涌水量 Q(m^3/h)	单位涌水量 q(L/(s·m))	渗透系数 K(m/d)	水温(℃)	水质类型
奥灰	水四线5	+27.847	65.77	0.585	1.019	39	$K^+ + Na^+ — Cl^-$
	补水一线O_{1+2}	+0.736	2.07	0.0116	0.012	33	$K^+ + Na^+ — Cl^-$
	九线O_{1+2}	+2.656	0.96	0.007	0.006	24	$K^+ + Na^+ — Cl^-$
寒灰	补水一线ϵ_3	+1.75	0.24	0.001 5	0.000 44	21	$K^+ + Na^+ — Cl^- + HCO_3^-$
奥灰+寒灰	潘三矿十线O_1	+17.727	64.915	0.866		42	$K^+ + Na^+ — Cl^-$
	潘三矿十线O_{2-1}	+22.17		0.257		35	$Ca^+ + K^+ + Na^+ — SO_4^{2-} + HCO_3^- + Cl^-$

5. 寒武系灰岩岩溶裂隙含水层

井田钻孔揭露厚度为4.57～246.27 m,垂向裂隙发育,宽为1～4 mm,多为方解石充填,见缝合线。寒武系灰岩含水层富水性规律类似于奥陶系灰岩。背斜轴部富水性较强,据奥灰、寒灰混合抽水试验资料(潘三矿十线O_1孔、十线O_{2-1}孔),单位涌水量为 0.257~0.866 L/(s·m),富水性中等,水温为 35~42 ℃,矿化度为 1.982~2.885 g/L,水质为 $K^+ + Na^+ - Cl^-$、$Ca^{2+} + K^+ + Na^+ - SO_4^{2-} + HCO_3^- + Cl^-$ 型。在灰岩深埋区,富水性减弱,据补水一线 ϵ_3 孔抽水试验,单位涌水量为 0.001 5 L/(s·m),渗透系数为 0.000 44 m/d,富水性弱、导水性差,水质为 $Cl^- - HCO_3^- - K^+ + Na^+$ 型。

(二) 断层导、含水性

水四4孔在 18 煤层见 F_{66} 逆断层,单位涌水量为 0.000 63 L/(s·m)。另外,控制潘北井田构造格局大断层,如 F_5、F_1、F_{66} 等断层,也延伸至潘一矿和潘三矿,具体如下。

1. 潘一矿七线3孔

受 F_5 逆断层影响,岩芯破碎,在 11 煤下部严重漏水(孔深 458.18 m),单位涌水量为 0.003 1 L/(s·m),静止水位为+1.25 m,恢复水位 3 天后,比原水位低 41.25 m,说明断层带在煤系地层中富水性较弱,导水性能差。

2. 潘三矿十至十一 F_5 孔

经太原组灰岩过 F_1 断层带,见奥陶系灰岩停钻,在太原组灰岩中漏水(孔深 536.64 m),单位涌水量为 0.153 L/(s·m),富水性中等,水位标高为 28.40 m,矿化度为 2.69 g/L,为 $Na^+ - Cl^-$ 型。

综上所述,本区断层富水性弱,导水性差,但断层两盘坚硬岩层裂隙比较发育,为良好储水空间。

(三) 地下水补、径、排条件

因受沉松散层覆盖和基岩的构造控水作用,由潜水过渡到深层承压水,垂直分带性明显。在自然条件下,以水平运动为主、垂直运动为辅,浅部补给条件好、深部补给条件较差。受采动影响在采空范围内发生垂直方向和水平方向径流运动。

1. 新生界孔隙含水组

全新统含水组(上含上段)以垂直循环为主,主要靠降水渗入补给,与地表水发生补排关系,并产生水平运动。

更新统含水组(上含下段)以水平运动为主,为河流相沉积产物,水流侧向补给,富水性强,与全新统含水组(上含上段)之间虽有相对隔水组(上段隔)分布,在局部地段存在生越流关系。

上新统含水组(中部含水层组)与更新统含水组(上含下段)之间分布有上部隔水层组,无水力联系。本组地下水运动缓慢,水位、水温和矿化度由上部向下部逐段增加,水化学类型由重碳酸盐的淡水型过渡到氯化物的微咸水型。

中新统含隔水层组(下部含隔水层组)与上新统含水组(中部含水层组)之间,为厚层黏土类隔水组(中部隔水层组)间隔,无水力联系。本组富水性弱,以静储量为主,补给条件差,与基岩含水层之间水力联系不密切。

2. 二叠系砂岩裂隙含水层组

煤系砂岩地下水因开采揭露,以砂岩裂隙水的形式排泄。煤层之间各层砂岩含水组,由于煤层及泥岩相隔,一般水力联系较弱。

3. 太原组岩溶裂隙含水组

除 $C_1^{3上}$、$C_1^{3下}$、C_1^{12} 灰岩较厚外,其余均为薄层灰岩。弱富水性,各灰岩层之间以泥岩为主,正常情况无水力联系,但在溶隙和构造裂隙发育层段存在水力联系。

4. 奥陶系、寒武系灰岩岩溶裂隙含水组

淮南煤田寒武系以石灰岩为主,溶洞较为发育,而奥陶系为灰质白云岩,溶裂较为发育,受后期构造作用影响,其富水性弱至中等,与太原组含水层组间水力存在不同程度的水力联系。

第二章 放水试验

放水试验以放水试验场为对象,在分析水文地质条件基础上,确定放水试验目的与任务,按照一定要求,采用一定方法,在试验场内设计优化布置若干个试验钻场和若干个钻孔,依照一定程序开展试验工作。试验中还要考虑试验过程中一些干扰因素。

第一节 试验背景

一、C_I组灰岩出水量情况

为开展 A 组煤底板的 C_I 组灰岩含水层放水试验工程,从 2009 年 12 月至 2011 年 8 月底,在 -490 m 水平,在 C_I^3 灰岩,施工 3 569.5 m 长巷道。其中,放水巷道长 2 784 m,C_I^3 灰岩石门长 785.50 m。施工 C_I 组灰岩钻孔 85 个,工程量为 14 942.5 m。

C_I 组灰岩出水层位主要为 $C_I^{3上}$、$C_I^{3下}$ 两个灰岩含水层。除 WS_1 石门外,单孔出水量为 $0.1\sim10.8$ m³/h,灰岩出水量随施工钻孔数增加而增大,且具有东翼出水量小、西翼出水量大的特点。

试验前,即 2011 年 8 月 31 日至 9 月 6 日,总出水量为 $136.08\sim146.30$ m³/h,初步认为 DF_1 为分界断层,现以此为界,按照东翼和西翼两个块断,叙述如下。

(一) 东翼情况

单孔涌水量为 $0.05\sim6.0$ m³/h,总涌水量为 $18.73\sim20.75$ m³/h,占两翼总平均涌水量的 14%,具有由东向西出水量逐渐增大的趋势。

E_1 钻场钻孔出水量相对较大,4 个孔共为 $9.20\sim10.11$ m³/h,占东翼平均水量的 49.5%。

E_2 钻场单孔出水量为 0.63(E_{2-1}孔)~2.57 m³/h(E_{2-3}孔)。

E_3 钻场钻孔单孔出水量为 $0.24\sim0.75$ m³/h(E_{3-2}孔)。

E_9 钻场的 E_{9-2} 孔出水量为 $0.58\sim0.66$ m³/h,其他钻场钻孔出水量仅为 0.1~

$0.2 \, m^3/h$。

ES_1 石门单孔出水量为 $0.05 \sim 0.77 \, m^3/h$（$C_1^{3上}$），8 个钻孔共计 $1.31 \sim 1.76 \, m^3/h$。

ES_2 石门单孔出水量为 $0.1 \sim 1.48 \, m^3/h$（$C_1^{3下补}$），5 个钻孔共为 $1.98 \sim 3.36 \, m^3/h$。

（二）西翼情况

单孔出水量为 $0.10 \sim 45.20 \, m^3/h$，总出水量为 $116.09 \sim 126.09 \, m^3/h$，占两翼总平均的 86%。其中，WS_1 石门钻孔涌水量最大，具体情况如下：

WS_1 石门单孔平均出水量为 $0.91 \sim 40.97 \, m^3/h$，7 个钻孔累计出水量为 $96.81 \sim 103.77 \, m^3/h$，占西翼 82.4%。其中，石门西侧 $C_1^{3上}$ 孔为 $37.66 \sim 45.20 \, m^3/h$，$C_1^{3下补}$ 孔为 $80 \, m^3/h$，因后期施工的 $C_1^{3上}$ 孔与该孔发生了连通，使得该孔水量减小至 $17 \, m^3/h$。石门东侧 C_1^{3} 孔为 $80 \, m^3/h$，因堵孔水量变为 $1.0 \, m^3/h$。

在 WS_1 石门以东，西翼回风石门及 $W_4 \sim W_9$ 的 6 个钻场的钻孔涌水量较小，单孔出水量为 $0.2 \sim 5.76 \, m^3/h$。除 W_8 钻场外，每个钻场出水量均大于 $1.50 \, m^3/h$，其中 W_{6-3}、W_{7-1} 孔为 $5 \sim 5.76 \, m^3/h$。W_{9-2} 孔因与 $C_1^{3上}$ 孔连通，$C_1^{3上}$ 孔堵孔时，该孔水量为 $2.73 \, m^3/h$。

WS_1 石门以西的 W_{10}、W_{11} 钻场钻孔涌水量仅为 $0.1 \, m^3/h$，W_{12} 钻孔无水。

东翼、西翼各钻孔其出水量如表 2-1 所示。

东翼出水量变化幅度相对西翼小，且较稳定，随着西翼的 WS_1 石门放水量的增加，总出水量急剧增大，东翼、西翼出水量动态变化见图 2-1。

表 2-1 放水试验前井下灰岩钻孔出水量观测值

（单位：m^3/h）

位置	日期\水量	8月30日 12时	8月31日 12时	9月1日 12时	9月3日 12时	9月5日 12时	9月6日 9时	平均
东翼	$E_1 \sim E_{12}$ 钻孔	15.51	15.81	15.97		15.79	14.63	15.54
	E_1	9.54	9.9	10.11		10.11	9.2	9.77
	ES_1 石门钻孔	1.31	1.42	1.42		1.41	1.76	1.46
	ES_2 石门钻孔	2.96	2.98	3.36		2.79	1.98	2.81
	合计	19.78	20.21	20.75		19.99	18.37	19.82

续表

位置	日期 水量		8月30日 12时	8月31日 12时	9月1日 12时	9月3日 12时	9月5日 12时	9月6日 9时	平均
西翼		$W_1 \sim W_{12}$钻孔	18.72	20.48	21.79		16.42		19.35
	WS_1石门	$C_{3-1}^{3下}$	11.25	11.25	11.25	11.53	11.39		11.33
		$C_{3-2}^{3下}$	1.73	1.73	1.73	1.53	1.47		1.64
		$C_{3-2补}^{3下}$	17	16.8	16.8	32.1	18		20.14
		$C_{3-5}^{3下}$	15	15	15	12.5	15		14.5
		$C_{3-4}^{3下}$	13.09	12.86	12.86	0.8	12.86		10.49
		$C_{3-2}^{3上}$	37.66	45.2	41.09	40.9	40		40.97
		$C_{3-1}^{3上}$	1.08	0.93	0.93	0.65	0.95		0.91
		计	96.81	103.77	99.66	100.01	99.67		99.98
	合计		117.53	126.09	123.28		116.09		121.35
总计			137.21	146.3	144.03		136.08		141.5

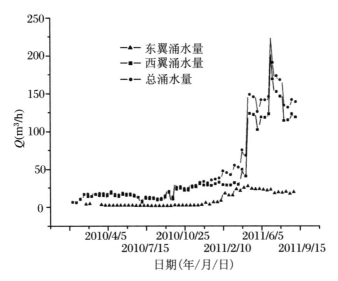

图 2-1 试验前东翼、西翼出水量随时间变化曲线

二、C_I组灰岩含水层水压变化情况

-490 m 水平的 EG_2 孔和 WH_3 孔（$C_I^{下}$层灰岩）水压为 4.5 MPa，即水位标高为 -23.30～-32.90 m。

在 8 月 30 日至 9 月 5 日期间,井下仅有 10 个钻孔测压。其中,东翼为 E_{3-3}、E_{4-3}、E_{6-2}、E_{7-3}、E_{8-2}、E_{9-3},水压为 0~0.53 MPa(E_{3-3}孔),西翼为 W_{10-1}、$W_{10-1补}$、W_{12-1}、W_{12-2} 等孔,水压为 0~0.40 MPa(W_{12-1}孔)。

三、地面观测孔水位变化情况

地面灰岩含水层长观孔共 7 个,包括潘三矿 3 个。在不同阶段,其水位出现非稳定、持续下降过程,不同含水层的水位下降幅度不等。其中,$C_Ⅰ$ 组灰岩最大,$C_Ⅱ$ 组灰岩次之,$C_Ⅲ$ 组灰岩、奥灰、寒灰均较小,如表 2-2 所示。

表 2-2 WS_1 石门三个放水孔出水时灰岩水位变化对比表

(单位: m)

孔 号		潘北矿				潘三矿		
		补水一线 $C_{3-Ⅲ}$	补水一线 $∈_3$	十线 $C_{3-Ⅰ-2}$	十西线 $C_{3-Ⅰ-1}$	十线 O_{2-1}	十线 O_{2-2}	十线 C_3^{11}
观测层位		$C_{3-Ⅲ}$	寒灰	$C_{3-Ⅰ}$	$C_{3-Ⅰ}$	奥灰、寒灰	奥灰、寒灰	$C_{3-Ⅰ}$
背景	2月20日水位	-7.46	-5.10	-17.55	-10.52	-4.925	-6.516	-5.931
	3月20日水位	-8.674	-5.926	-18.72	-11.62	-5.828	-7.32	-6.852
	本阶段降深	1.214	0.826	1.17	1.10	0.903	0.804	0.921
	平均日降深	0.043	0.03	0.042	0.039	0.032	0.029	0.033
$WS_1 C_{3-1}^{3下}$ 孔 11.3.30 出水 10 m³/h	3月30日水位	-15.094	-6.536	-19.51	-12.54	-6.43	-7.974	-7.211
	4月20日水位	-18.034	-9.56	-22.04	-14.82	-6.92	-9.242	-7.56
	本阶段降深	2.94	3.024	2.53	2.28	0.49	1.268	0.349
	平均日降深	0.098	0.144	0.12	0.109	0.023	0.06	0.017
$WS_1 C_{3-2补}^{3下}$ 孔 11.4.29 出水 80 m³/h	4月20日水位标高	-18.034	-9.56	-22.04	-14.82	-6.92	-9.242	-7.56
	5月10日水位	-21.994	-13.246	-27.65	-23.72	-11.765	-13.267	-12.503
	本阶段降深	3.96	3.686	5.61	8.90	4.845	4.025	4.943
	平均日降深	0.198	0.184	0.28	0.445	0.242	0.201	0.247
$WS_1 C_{3-1补}^{3上}$ 孔 11.6.29 出水 80 m³/h	6月20日水位	-28.134	-18.746	-37.07	-32.22	-17.71	-19.155	-18.401
	7月10日水位	-31.964	-22.476	-44.55	-42.10	-21.512	-23.124	-22.197
	本阶段降深	3.83	3.73	7.48	9.88	3.802	3.969	3.796
	平均日降深	0.192	0.187	0.374	0.494	0.19	0.198	0.19

WS_1 石门东侧 $C_{1-1}^{3下}$ 孔于 2011 年 3 月 30 日出水 10 m³/h,WS_1 石门西侧 $C_{1-2补}^{3下}$ 孔于 2011 年 4 月 29 日、$C_{1-2}^{3上}$ 孔于 6 月 4 日共出水 80 m³/h,WS_1 石门东侧 $C_{1-1}^{3上}$ 孔于

2011年6月29日短时间内出水量为80 m³/h，从而导致不同灰岩含水层水位降幅增大。2011年7月30日以后施工钻孔少，新增出水点少，涌水量较稳定，不同层（组）灰岩观测孔水位变化情况具体如下。

（一）C_I组灰岩含水层

C_I组灰岩水位变化范围在 -23.298（十线C_{3-I-1}孔）~ -421.850 m（$KZ_{14补}$孔）之间，补水一线及其以东地下水位降深幅为 $-145.271 \sim -421.85$ m，形成了以 $KZ_{14补}$ 孔为中心的降落漏斗，其主要特征为：

（1）2011年4月20日，$KZ_{10补}$孔静止水位为 -38.80 m，此后，水位持续下降且降幅较大；在2011年2月14日，$KZ_{14补}$孔静止水位为 -336.500 m，此后，水位持续下降，但降幅较小。

（2）2011年2月4日至7月30日，八西线 C_{3-I} 孔日水位降幅大，此后降幅很小，水位陡降分两个阶段：

① 2011年2月4日至2月9日，该孔水位由 -113.91 m 降至 -164.22 m，降深10.06 m/d，主要受东翼 $ES_1C_{3-2}^{3上}$ 孔在2011年1月28日至2月10日期间施工出水影响，此后水位下降缓慢。

② 2011年6月25日至7月14日，该孔水位由 -205.505 m 降至 -302.785 m，平均为 5.12 m/d，主要受东翼 $ES_2C_{3-5}^{3下}$ 孔施工出水的影响，此后水位缓降，而西翼 WS_1 石门 $C_{1-2补}^{3下}$ 孔和 $C_{1-1}^{3上}$ 孔出水量大，但对该孔水位影响不明显。东翼 $ES_1C_{1-2}^{3下}$、$ES_2C_{3-5}^{3下}$ 孔终孔出水位置均在八西线 C_{3-I} 孔附近，因此，八西线 C_{3-I} 孔水位变化主要受东翼出水量控制。

（3）2011年2月4日至6月28日，补水一线 C_{3-I} 孔水位降幅大，此后振荡变化并略有回升。水位变化分两个阶段：

① 2011年2月4日至2月20日，水位由 -54.88 m 降至 -113.35 m，平均为 3.65 m/d，主要受东翼 E_3 钻场中钻孔在2011年1月5日至1月10日施工出水影响，此后水位缓降。

② 2011年3月9日至5月10日，水位由 -117.905 m 降至 -243.965 m，平均降深 2.03 m/d，为东翼 E_1 钻场中钻孔、ES_1 石门西侧钻孔、西翼 W_5 钻场中钻孔和 WS_1 石门 $C_{1-1}^{3下}$ 孔2011年3月至4月施工出水的影响。该孔7月17日水位降至 -268.315 m 后，缓慢回升。由此可知，补水一线 C_{3-I} 孔水位主要受东翼 DF_{9-1} 断层以西钻孔出水所影响，也受西翼钻孔出水影响，但具有一定的滞后性。

（4）十线、十西线及潘三矿十线 C_3^{11} 等观测孔降深较小，受 F_{70} 断层影响，两盘观测孔降幅差异大，水位为 $-23.298 \sim -55.97$ m。

2011年4月29日至6月29日，WS_1 石门西侧 $C_{1-2补}^{3下}$、$C_{1-2}^{3上}$ 孔、WS_1 石门东侧 $C_{1-1}^{3上}$ 孔出水后，十线、十西线 C_{3-I} 组灰岩水位降幅增大，十西线 C_{3-I-1} 孔比十线 C_{3-I-2} 孔降幅也有类似特征。

（二）其他灰岩含水层（组）

截至2011年9月6日9时，除C_1组灰岩含水层观测孔外，其他灰岩观测孔水位变化为$-14.68 \sim -36.139$ m，具体如下。

(1) 自2011年4月28日后，总体上水位降幅增大，7月30日后开始降幅减小。

WS_1石门钻孔出水引起不同灰岩含水层（组）水位降幅增大。2011年3月30日，WS_1石门东侧$C_1^{3下}$孔出水量为10 m³/h，引起水位漏斗影响范围的降幅增大。水位降深最大为补水一线C_3孔，其次为补水一线$C_{3-Ⅲ}$孔以及潘三矿十线O_{2-2}孔，反映$WS_1 C_1^{3下}$孔出水时，补水一线和潘三矿十西线范围内的底部灰岩含水层对此进行补给。

2011年4月29日至6月4日，WS_1石门西侧$C_{1-2补}^{3下}$孔、$C_{1-2}^{3上}$孔共出水80 m³/h，2011年6月29日，WS_1石门东侧$C_{1-1}^{3上}$孔出水80 m³/h，水位降幅较大，反映了它与补水一线和潘三矿十线、十西线的奥陶系灰岩含水层间存在水力联系。

(2) 2010年3月下旬，补水一线$C_{3-Ⅱ}$孔水位降至-100.9 m，2010年4月初陡然回升至-16.649 m，此后水位正常变化，水位略低于$C_Ⅲ$组灰岩含水层。

(3) 2010年3月24日至2011年9月6日水位累计降深为17.61 m，平均变幅0.03 m/d，十线$C_{3-Ⅱ}$孔水位降幅很小，为试验区内灰岩水位最高点。

东翼、西翼地面不同含水层观测孔水位变化曲线如图2-2、图2-3所示。

（三）新生界含水层

观测孔水位与井下灰岩出水无对应变化关系，说明新生界底部含水层没有与之发生水力联系。

（四）异常现象分析

(1) 位于F_{70}断层下盘的十线$C_{3-Ⅰ-2}$、十西线$C_{3-Ⅰ-1}$孔水位降幅相对较大，水位相对较低，分别为-52.14 m和-55.97 m；F_{70}断层上盘的十线$C_{3-Ⅰ-1}$、十西线$C_{3-Ⅰ-2}$孔及十线$C_{3-Ⅱ}$水位降幅相对较小，水位相对较高，分别为-23.298 m、-32 m及-17 m，形成以F_{70}断层为边界，水头差异较大现象，导致水位由高向低径向流动，也是造成上盘两孔水位持续下降的原因。

以9月6日9时为例，十西线$C_{3-Ⅰ-2}$、十线$C_{3-Ⅰ-2}$水位分别为-32 m、-55.97 m，而十线$C_{3-Ⅰ-1}$、十线$C_{3-Ⅰ-2}$水位标分别为-23.298 m、-52.14 m，相差$3.83 \sim 8.702$ m，地下水位由高向低发生侧向补给。

(2) 奥灰水位和奥灰寒灰混合水位自东（补水一线O_{1+2}孔，-21.059 m）向西降低，距放水点较远的十西线潘三矿十线O_{2-2}孔水位为-27.01 m，为奥灰最低水位孔。

(3) 补水一线ϵ_3孔(寒灰观测孔)水位为-27.456 m,低于区内所有奥灰孔和奥灰与寒灰混合孔水位。

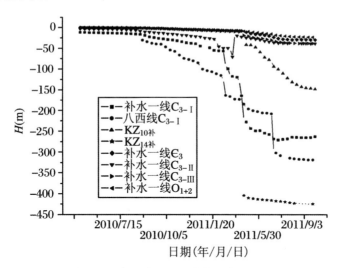

图2-2 东翼地面观测孔水位变化曲线

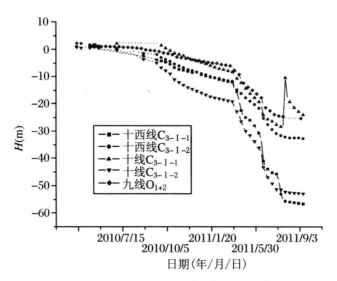

图2-3 西翼地面观测孔水位变化曲线

第二节 放水试验目的与任务

一、放水试验目的

(1) 系统观测放水试验过程中地下水动态变化规律,包括井下出水点的水量、观测孔水位(压)、水质与水温等随时空变化特点。查明 -490 m 水平 C_I 组灰岩在放水和恢复过程中试验区内地下水流场动态变化特征;利用水量与水位(压)变化特征,分析区内断层导、隔水性以及不同含水层之间的水力联系。

(2) 进一步查明 -490 m 水平 C_I 组灰岩含水层在井下群孔放水条件下,其涌水量与观测孔降深之间内在联系;计算不同块段单位涌水量;求得含水层的导水系数、渗透系数和储水系数等。

(3) 为不同开采水平、不同方案下的 A 组煤层底板灰岩水疏放性设计与评价提供重要依据。

二、放水试验任务

(1) 系统观测放水孔涌水量以及观测孔水位(压)随时间和空间变化,分析其变化规律。

(2) 通过阶段性采样、测试及分析,掌握 C_I 组灰岩含水层的水温和水质变化特点,分析不同含水层之间的水力联系。

(3) 结合连通试验,查明 -490 m 水平 C_I 组灰岩与其他不同灰岩含水层之间的水力联系以及断层导、隔水性。

(4) 探查试验区范围断层导、隔水性,构造块断赋水性特征及边界条件,借此分析构造控水规律,重点查明 F_1、DF_1 断层对 C_I 组灰岩的导、隔水性影响。

(5) 系统分析 C_I 组灰岩含水层的补、径、排条件,为建立其水文地质概念模型和数学模型奠定基础。

(6) 结合安全突水系数,分别计算 -490 m 水平、-650 m 水平在安全开采下的疏放水量,为东翼、西翼 A 组煤安全开采以及灰岩水害防治提供依据。

第三节 试验要求及方法

一、试验要求

依据《煤矿防治水规定》(国家安全生产监督管理总局、国家煤矿安全监察局,2009)第三章第六节"井下水文地质勘探"第三十八条所规定放水试验原则,结合矿区实际情况,试验要求如下:

(1) 结合该矿水文地质条件与现有水文地质观测系统,编制放水试验设计方案,确定试验方法。其中,井下放水量依现有最大排水能力而定,充分考虑到放水试验过程中观测孔水位降深情况,放水试验设计由煤矿企业总工程师组织审查批准。

(2) 做好放水试验前的准备工作,包括人员组织安排、井上下观测仪器、核查排水设备能力和排水线路。

(3) 系统观测地面观测孔水位和井下水压、水量、水温和水质等。

(4) 放水试验阶段的时间因现场条件变化而定。当涌水量、水位难以稳定时,试验延续时间一般不少于10~15日。选取合理的观测间隔,要满足非稳定流计算要求。

(5) 试验中所获得的各种观测数据要及时进行分门别类的整理与分析,绘制相关曲线,如水量、水位(压)、水质历时曲线图、地下水流场分析图等。

(6) 每个阶段放水试验结束后,及时整理资料,提交阶段放水试验成果报告、图片表格等,整个放水试验结束后,进行全面系统整理、分析与研究,提交终结报告与相关附件。

二、试验方法

针对-490 m水平复杂水文地质条件,少数C_I组灰岩孔出水量大、水位(压)变化幅度不等、少数放水孔水温偏高及少数观测孔水位存在异常等复杂现象,重点开展-490 m水平以西(DF_1断层以西)放水试验工作,并要达到反复认识其水文地质条件目的,本次采用群孔多阶段放水试验方法,具体体现在以下五个方面:

(1) 根据试验条件,采用非稳定流与稳定流相结合的方法;
(2) 整个过程采用放水与恢复试验相结合;
(3) 根据不同孔水位(压)、水量的变化特征,采用加密与非加密观测相结合方法;
(4) 在有条件情况下,开展放水试验与连通试验相结合方法;
(5) 在变流量放水条件下,增加试验时间,一般为10~15天。

第四节 放水试验工程布置

在 -490 m 水平共设计和施工了钻场 27 个,石门 3 条,井下放水及测压孔为 58～75 个,地面水位观测孔为 20 个,试验孔共计为 78～95 个,如图 2-4 所示,以 DF_1 断层为界,分东翼和西翼。

一、-490 m 水平钻场(孔)布置

在 -490 m 水平东翼 C_I 层灰岩放水巷走向长 1 300 m 内,按 100 m 间距布置了 E_1、E_2、E_3、E_4、E_5、E_6、E_7、E_8、E_9、E_{10}、E_{11}、E_{12} 等钻场,并在 E_5 至 E_6 钻场之间布设了 1 煤底板 EG 钻场,在 E_6 至 E_7 钻场之间布设了 ES_1 的 C_I 组灰岩石门,在 E_{10} 至 E_{11} 钻场之间布设了 ES_2 的 C_I 组灰岩石门。每个钻场呈扇形布置 3 个孔,少数为 2～4 个孔,两个石门内布置 6～9 个放水钻孔(图 2-5)。

在 -490 m 水平西翼 C_I 层灰岩放水巷道内,按 100 m 间距布置了 W_4、W_5、W_6、W_7、W_8、W_9、W_{10}、W_{11}、W_{12} 等 9 个钻场,并在 W_7 至 W_8 钻场之间布放了 1 煤底板 WH 回风石门,在 W_9 至 W_{10} 钻场之间布置了 WS_1 的 C_I 组灰岩石门,石门内布置了 5 个钻场。每个钻场的钻孔数量设置与东翼类似,在 WS_1 石门布置 7 个深孔,如图 2-6 所示。

在试验过程中,每个钻场有 1 测压孔,每个石门测压孔 3～4 个,其他均为放水孔。

二、地面水位观测孔布置

地面观测孔共 20 个,其中,C_I 组灰岩长观孔 9 个,C_{II} 组灰岩长观孔 2 个,C_{III} 组灰岩长观孔 1 个,奥陶系灰岩长观孔 2 个,寒武系灰岩长观孔 1 个,奥灰、寒灰混合长观孔 2 个,新生界"二含"长观孔 1 个,"下含"长观孔 2 个。灰岩观测孔主要集中在补水一线、F_{70} 断层附近十线和十西线以及潘三矿背斜处。

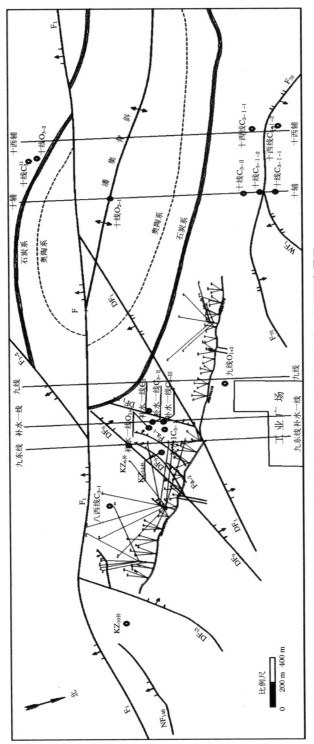

图 2-4 -490 m 水平放水试验工程平面布置图

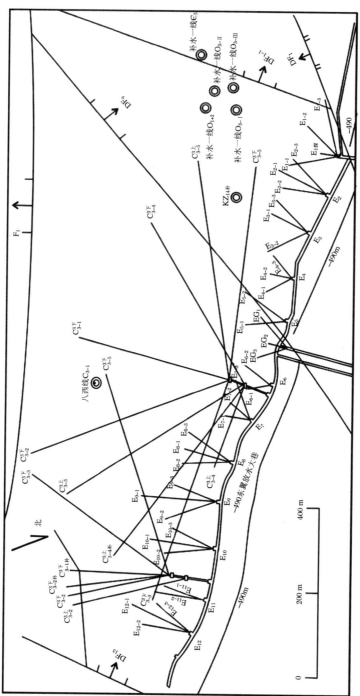

图 2-5 -490 m 水平东翼放水试验工程平面布置图

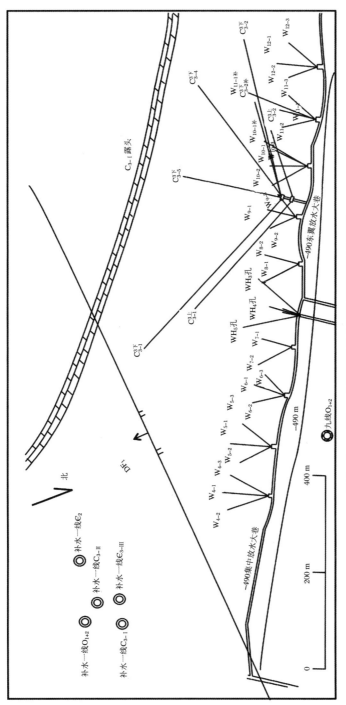

图 2-6 −490 m 水平西翼放水试验工程平面布置图

第五节 试验程序

试验自 2011 年 8 月 31 日开始至同年 11 月 15 日结束,历时 76 天。

除背景值观测外,试验分为四个阶段:① 西翼总恢复;② WS_1 石门东侧钻孔放水试验;③ WS_1 石门西侧钻孔放水试验;④ 西翼总放水。包括背景值观测 1 次,放水试验 3 次,恢复试验 3 次,连通试验 3 次,具体如下。

一、背景值观测阶段

试验前,全面检查地面各自动化观测孔是否正常工作,并对将受放水试验影响观测孔,根据放水试验要求进行时间和测绳长度调整,并记录试验前水位。与此同时,检查井下各钻场的压力表是否正常;压力钻孔周边是否存在漏水和渗水现象,否则进行注浆处理。仔细检查放水孔装置,控制阀门严密性,放水管道尺寸大小与放水量的匹配性等。记录放水孔关闭前的各钻场钻孔的水压值,对东、西翼现有放水孔进行水样采集、水温测试等。

二、西翼总恢复阶段

该阶段参与试验的孔共 95 个,其中井下 75 个,地面 20 个。东翼仍然保持原有的放水状态,西翼所有的孔进行关闭。其放水孔为:$E_{1探}$、E_{1-1}、E_{1-3}、E_{2-3}、E_{3-1}、E_{3-2}、E_{8-4}、E_{9-2}、E_{11-2}、$ES_1C_{1-2}^{3下}$、$C_{1-4}^{3下}$、$C_{1-补}^{3上}$、$C_{1-3}^{3上}$、$C_{1-5}^{3上}$、$C_{1-1}^{3下}$、$C_{1-2}^{3下}$、$C_{1-3}^{3下}$、$C_{1-4}^{3下}$、$C_{1-5}^{3下}$、EG_2、$ES_2C_{1-1补}^{3下}$、$C_{1-3}^{3下}$、$C_{1-2}^{3下}$,共 23 孔。东翼测压孔为:E_{1-2}、E_{2-1}、E_{3-1}、E_{4-3}、E_{5-2}、E_{6-2}、E_{7-3}、E_{8-2}、E_{9-3}、E_{10-1}、E_{10-2}、E_{10-3}、E_{11-1},计 13 孔。西翼测压孔为:$WS_1C_{1-1}^{3下}$、$C_{1-2}^{3下}$、$C_{1-2补}^{3下}$、$C_{1-5}^{3下}$、$C_{1-4}^{3下}$、$C_{1-2}^{3上}$、$C_{1-1}^{3上}$、WH_3、WH_5、W_{4-2}、W_{5-1}、W_{5-2}、W_{5-3}、W_{6-1}、W_{6-2}、W_{6-3}、W_{7-1}、W_{8-1}、W_{9-2}、W_{9-3}、$W_{10-1补}$、W_{11-1}、WH_1、WH_2、WH_4、W_{4-1}、W_{7-2}、W_{8-2}、W_{9-1}、W_{10-2}、W_{10-3}、W_{11-1}、W_{11-2}、W_{11-3}、$W_{11-1补}$、W_{12}、W_{12-2}、W_{12-2},共 39 个孔。

三、WS_1 石门东侧钻孔放水试验

该阶段为东翼仍然保持原有的放水状态,WS_1 石门东侧钻孔放水,参与试验的孔共 83 个,其中井下 63 个。WS_1 石门东侧放水孔为:$WS_1C_{1-1}^{3下}$、$C_{1-1}^{3上}$、W_{9-2},共 3 个。东翼放水孔为:$E_{1探}$、E_{1-1}、E_{1-3}、E_{2-3}、E_{3-1}、E_{3-2}、E_{8-4}、E_{9-2}、E_{11-2}、EG_2、$ES_2C_{1-1补}^{3下}$、$C_{1-3}^{3下}$、$C_{3-1-2}^{3下}$,共 13 个。观测孔为:$WS_1C_{1-2}^{3上}$、$C_{1-2}^{3下}$、$C_{1-2补}^{3下}$、$C_{1-4}^{3下}$、$C_{1-5}^{3下}$、WH_3、WH_4、WH_5、W_{4-1}、W_{4-2}、W_{4-3}、W_{5-1}、W_{5-2}、W_{5-3}、W_{6-1}、W_{6-2}、W_{6-3}、W_{7-1}、W_{7-2}、W_{8-1}、

W_{8-2}、W_{9-1}、W_{9-3}、W_{10-1}、W_{10-2}、W_{10-3}、$W_{补10-1}$、W_{11-1}、W_{11-2}、W_{11-3}、$W_{补11-1}$、W_{12-1}、W_{12-2}、W_{12-3}、E_{1-2}、E_{2-1}、E_{3-3}、E_{4-3}、E_{5-2}、E_{6-2}、E_{7-3}、E_{8-2}、E_{9-3}、E_{10-1}、E_{10-2}、E_{10-3}、E_{11-1},共 47 个。

四、WS_1 石门西侧钻孔放水试验

该阶段为 WS_1 石门西侧钻孔放水试验,东翼保持不变,WS_1 石门西侧放水孔为:$C_{1-2补}^{3下}$、$C_{1-4}^{3下}$、$C_{1-2}^{3下}$。东翼放水孔为:$E_{1探}$、E_{1-1}、E_{1-3}、E_{2-3}、E_{3-1}、E_{3-2}、EG_2、E_{8-4}、E_{9-2}、E_{11-2}、ES_1、E_{13},共 12 孔。东翼观测孔为:E_{1-2}、E_{2-1}、E_{3-3}、E_{4-3}、E_{5-2}、E_{6-2}、E_{7-3}、E_{8-2}、E_{9-3}、E_{10-3}、E_{11-1}、E_{13-2},共 12 个。西翼观测孔为:$WS_1 C_{1-1}^{3上}$、$WS_1 C_{1-1}^{3下}$、$WS_1 C_{1-2}^{3下}$、$WS_1 C_{1-5}^{3下}$、WH_3、WH_4、WH_5、W_{4-1}、W_{4-2}、W_{4-3}、W_{5-1}、W_{5-2}、W_{5-3}、W_{6-1}、W_{6-2}、W_{6-3}、W_{7-1}、W_{7-2}、W_{9-2}、W_{9-3}、W_{10-1}、W_{10-2}、W_{10-3}、$W_{10-1补}$、W_{11-1}、W_{11-2}、W_{11-3}、$W_{11-1补}$、W_{12-1}、W_{12-2}、W_{12-3},共 31 个。

五、总放水阶段

打开西翼所有放水孔,东翼保持不变。其中西翼放水孔为:$WS_1 C_{1-1}^{3上}$、$C_{1-2}^{3上}$、$C_{1-1}^{3下}$、$C_{1-2}^{3下}$、$C_{1-2补}^{3下}$、$C_{1-4}^{3下}$、W_{4-1}、W_{5-1}、W_{5-2}、W_{5-3}、W_{6-2}、W_{6-3}、W_{7-1}、W_{7-2}、W_{9-2},共 15 孔。东翼放水孔为:$E_{1探}$、E_{1-1}、E_{1-3}、E_{2-3}、E_{3-1}、E_{3-2}、EG_2、E_{8-4}、E_{9-2}、E_{10-2}、ES_1、E_{11-2}、E_{13-1}、E_{13-2}、E_{13-3}、$ES_2 C_{1-1补}^{3下}$、$C_{1-2}^{3下}$、$C_{1-3}^{3下}$、$C_{1-4}^{3下}$,共 19 孔。东翼观测孔为:E_{1-2}、E_{2-1}、E_{3-3}、E_{4-3}、E_{5-2}、E_{6-2}、E_{7-3}、E_{8-2}、E_{9-3}、E_{10-3}、$ES_2 C_{3-2}^{3下}$、E_{11-1},共 12 个。西翼观测孔为:$WS_1 C_{1-5}^{3下}$、W_{4-2}、W_{4-3}、W_{6-1}、WH_3、WH_5、W_{8-1}、W_{8-2}、W_{9-1}、W_{9-3}、W_{10-1}、W_{10-2}、W_{10-3}、$W_{10-1补}$、W_{11-1}、W_{11-2}、W_{11-3}、$W_{11-1补}$、W_{12-1}、W_{12-2}、W_{12-3},共 21 个。

第六节 试 验 观 测

一、试验观测孔分类

每个试验阶段从上午 9 时到下午 5 时,加密观测 8 小时,次日起转为非加密观测阶段。

在加密观测时段内,观测孔分为一类加密、二类加密和非加密三种。观测孔分类详见表 2-3。

表 2-3 -490 m 巷道群孔放水试验水量、水压(位)观测孔分类表

试验阶段	井下放水孔				井下测压孔			地面水位观测孔		
	一类加密		二类加密		一类加密		二类加密	一类加密	二类加密	非加密
	西翼		东翼		西翼		东翼			
背景值观测,共 95 孔,中井下 75 个	WS$_1$、C$_1^{3下}$-$_1$、C$_1^{3下}$-$_2$、C$_1^{3下}$-$_{2补}$、C$_1^{3下}$-$_4$、C$_1^{3下}$-$_5$、WH$_3$、WH$_5$、W$_4$-$_3$、W$_5$-$_1$、W$_5$-$_2$、W$_6$-$_1$、W$_6$-$_2$、W$_7$-$_1$、W$_8$-$_1$、W$_9$-$_3$、W$_{10}$-$_{1补}$、W$_{11}$-$_1$,共 23 孔,恢复时测压		E$_1$探、E$_1$-$_1$、E$_1$-$_3$、E$_2$-$_3$、E$_3$-$_1$、E$_2$-$_2$、E$_8$-$_4$、E$_9$-$_2$、E$_{11}$-$_2$、ES$_1$、C$_1^{3上}$-$_2$、C$_1^{3下}$-$_4$、C$_1^{3下}$-$_1$、C$_1^{3下}$-$_3$、C$_1^{3下}$-$_2$、C$_1^{3下}$-$_5$、C$_1^{3下}$-$_3$、EG$_2$、ES$_2$、C$_1^{3上}$-$_{1补}$、C$_1^{3下}$-$_{2补}$,共 23 孔		WH$_1$、WH$_2$、WH$_4$、W$_4$-$_1$、W$_4$-$_2$、W$_7$-$_2$、W$_8$-$_2$、W$_9$-$_1$、W$_{10}$-$_2$、W$_{10}$-$_3$、W$_{11}$-$_1$、W$_{11}$-$_3$、W$_{11}$-$_{1补}$、W$_{12}$-$_2$、W$_{12}$-$_2$,共 16 孔		E$_1$-$_2$、E$_2$-$_1$、E$_3$-$_2$、E$_3$-$_3$、E$_5$-$_2$、E$_6$-$_2$、E$_7$-$_3$、E$_8$-$_2$、E$_9$-$_3$、E$_{10}$-$_1$、E$_{10}$-$_2$、E$_{10}$-$_3$、E$_{11}$-$_1$,共 13 孔	KZ$_{14补}$、八西线 C$_3$-$_1$、十西线 C$_3$-$_1$-$_2$、十西线 C$_3$-$_1$-$_1$,共 7 孔	KZ$_{10补}$、补水一线 C$_3$-$_{II}$、补水一线 C$_3$-$_{III}$、补水 O$_{+2}$、十线 C$_3$-$_{II}$、十线 O$_{2}$-$_1$、九线 三矿 O$_{2}$-$_1$、十潘线 O$_{2}$、十线 C$_3^{11}$,共 10 孔	KZ$_{2补}$、KZ$_{5补}$、KZ$_{6补}$,共 3 孔
第一阶段:总恢复阶段			同上		同上		同上			
第二阶段:WS$_1$ 石门东侧孔放水	WS$_1$、C$_1^{3上}$-$_1$、W$_9$-$_2$,计 3 孔		E$_2$-$_3$、E$_1$-$_1$、E$_1$-$_3$、E$_2$-$_3$、E$_3$-$_1$、E$_2$-$_2$、E$_8$-$_4$、E$_9$-$_2$、E$_{11}$-$_2$、EG$_2$、ES$_2$ C$_1^{3下}$-$_{1补}$、C$_1^{3下}$-$_3$、C$_1^{3下}$-$_2$,共 13 孔		WS$_1$、C$_1^{3上}$-$_1$、C$_1^{3下}$-$_2$、C$_1^{3下}$-$_4$、C$_1^{3下}$-$_5$、WH$_3$、WH$_4$、WH$_5$、W$_4$-$_1$、W$_4$-$_2$、W$_4$-$_3$、W$_5$-$_1$、W$_5$-$_2$、W$_6$-$_1$、W$_6$-$_2$、W$_7$-$_1$、W$_7$-$_2$、W$_8$-$_1$、W$_8$-$_2$、W$_9$-$_1$、W$_{10}$-$_1$、W$_{10}$-$_{1补}$、W$_{11}$-$_1$、W$_{11}$-$_2$、W$_{11}$-$_3$、W$_{12}$-$_2$、W$_{12}$-$_3$,共 34 孔		E$_1$-$_2$、E$_2$-$_1$、E$_3$-$_2$、E$_3$-$_3$、E$_5$-$_2$、E$_6$-$_2$、E$_7$-$_3$、E$_8$-$_2$、E$_9$-$_3$、E$_{10}$-$_1$、E$_{10}$-$_2$、E$_{10}$-$_3$、E$_{11}$-$_1$,共 13 孔			

续表

试验阶段	井下放水孔		井下测压孔		地面水位观测孔		
	一类加密	二类加密	一类加密	二类加密	一类加密	二类加密	非加密
	西翼	东翼	西翼	东翼			
第三阶段：WS₁石门西侧孔放水	$C_1^{3下}{}_{-2补}$、$C_1^{3上}{}_{-1}$、$C_1^{3下}{}_{-4}$、$C_1^{3上}{}_{-2}$，共3孔	E_1探、$E_1{}_{-1}$、$E_1{}_{-3}$、$E_2{}_{-3}$、$E_3{}_{-1}$、$E_3{}_{-2}$、EG_2、$E_8{}_{-4}$、$E_9{}_{-2}$、$E_{10}{}_{-2}$、ES_1、$E_{11}{}_{-2}$，共12孔（ES_1石门未通风，钻孔总水量在石门孔口观测，下同）	$WS_1 C_1^{3上}{}_{-1}$、$WS_1 C_1^{3下}{}_{-1}$、$WS_1 C_1^{3下}{}_{-2}$、$WS_1 C_1^{3下}{}_{-5}$、WH_3、WH_4、WH_5、W_{4-1}、W_{4-2}、W_{4-3}、W_{5-1}、W_{5-2}、W_{5-3}、W_{6-1}、W_{6-2}、W_{6-3}、W_{7-1}、W_{7-2}、W_{9-3}、$W_{10-1补}$、W_{10-2}、W_{10-3}、W_{11-1}、W_{11-2}、W_{11-3}、$W_{11补}$、W_{12-1}、W_{11-2}、W_{12-3}，共31孔	E_{1-2}、E_{2-1}、E_{2-3}、E_{4-3}、E_{5-2}、E_{6-2}、E_{7-3}、E_{8-2}、E_{9-3}、E_{10-3}、E_{11-1}、E_{13-2}共12孔			
第四阶段：总放水阶段	$WS_1 C_1^{3上}{}_{-2}$、$C_1^{3下}{}_{-1}$、$C_1^{3下}{}_{-2}$、$C_1^{3下}{}_{-2补}$、$C_1^{3下}{}_{-4}$、W_{4-1}、W_{5-1}、W_{5-2}、W_{5-3}、W_{6-2}、W_{6-3}、W_{7-1}、W_{7-2}、W_{9-2}，共15孔	E_1探、E_{1-1}、E_{1-3}、E_{2-3}、E_{3-1}、E_{3-2}、EG_2、E_{8-4}、E_{9-2}、E_{10-2}、ES_1、E_{11-2}、E_{13-1}、E_{13-2}、$ES_2 C_1^{3上}{}_{-1补}$、$C_1^{3下}{}_{-3}$、$C_1^{3下}{}_{-4}$，共19孔	$WS_1 C_1^{3下}{}_{-5}$、W_{4-2}、W_{6-1}、WH_3、WH_5、W_{8-1}、W_{8-2}、W_{9-1}、W_{9-3}、W_{10-1}、W_{10-3}、$W_{11-1补}$、W_{11-3}、W_{12-1}、W_{12-2}、W_{12-3}，共21孔	E_{1-2}、E_{2-1}、E_{2-3}、E_{4-3}、E_{5-2}、E_{6-2}、E_{7-3}、E_{8-2}、E_{9-3}、E_{10-3}、$ES_2 C_1^{3F}{}_{-2}$、E_{11-1}，共12孔			

二、试验观测内容及要求

(一)背景值阶段

参与试验孔的水量、水压、水位、水温、水质每日观测一次(表2-3)。

(二)加密观测阶段

1. 一类加密孔

包括-490 m水平西翼放水孔水量、观测孔水压、区内地面C_1Ⅰ组灰岩地面孔水位。试验开始按1分钟、2分钟、3分钟、5分钟、7分钟、10分钟(第二阶段开始,地面孔每5分钟一次)、15分钟、20分钟、25分钟、30分钟、40分钟、50分钟、60分钟、75分钟、90分钟、105分钟、120分钟,即9:00、9:01、9:02、9:03、9:05、9:07、9:10、9:15、9:20、9:25、9:30等各观测一次,其后每半小时观测一次。

2. 二类加密孔

包括-490 m水平东翼放水孔水量、测压孔水压、地面其他含水层灰岩孔水位(含潘三矿3个灰岩孔),每半小时观测一次,即9:00、9:30、10:00、……

3. 非加密孔

包括井下灰岩放水巷出水点,其水量每日观测一次以及地面新生界3个观测孔每日6:00、12:00、18:00、24:00各观测一次。

(三)非加密观测阶段

① 井下孔水量、水压每日6:00、12:00、18:00、24:00各观测一次。
② 井下灰岩放水巷出水点水量每日观测一次。
③ 地面各含水层水位每日6:00、12:00、18:00、24:00各观测一次。
④ 潘三矿3个灰岩孔水位每日上、午各观测一次。

(四)放水加密观测时段

水温每一小时观测一次,次日起每日上、下午各观测一次。

(五)水质测试

西翼放水孔在总恢复前、WS_1石门东侧钻孔恢复前、WS_1石门西侧钻孔恢复前和西翼放水孔全打开放水后每孔各取水样1次,每孔每次取水样3个,容量为5 L,分别进行常规水质分析、微量元素分析和同位素测试分析。

(六)水位观测

地面观测孔水位采用自动化遥测,潘三矿3个观测孔采用测绳法观测,读数精确

（七）水压观测

井下观测孔水压采用压力表,读数精确到 0.01 MPa。部分钻孔水压采用自动监测系统测量。

（八）水量观测

西翼 WS_1 石门钻孔水量采用 $B=200$ mm 矩形堰测量,WS_1 石门以西放水巷水量采用 $B=200$ mm 矩形堰观测。部分钻孔水量采用自动监测系统测量,其余采用容积法测量。

（九）水温观测

采用水银温度计和数字式水温计观测水温。

（十）校验

试验前对观测工具进行检查、校检。试验中,对以上每项内容每次观测 3 遍,取其平均值。

第七节　试验过程中干扰因素

整个试验过程中存在干扰因素,主要为东翼始终保持放水状态以及西翼一些钻场附近存在岩壁渗水问题。

一、东翼放水孔

(1) 在整个放水试验过程中,东翼自始至终正常放水,涌水量为 18.85～20.52 m³/h,详见表 2-4。

表 2-4　试验各阶段东翼水量统计

日期	9月6日	9月19日	9月29日	10月6日	10月17日	10月31日	11月15日
水量（m³/h）	19.99	18.85	19.35	20.28	20.52	19.69	18.85

(2) 东翼 E_{13} 钻场施工时钻孔出水。

2011 年 9 月 13 日 18 时,E_{13-2} 孔初始水量为 72 m³/h,水温 36 ℃。9 月 14 日 9 时水量为 12.8 m³/h,16 时水量为 6.8 m³/h。9 月 17 日关孔测压为 0.5 MPa,2 日后水

压为 0.4 MPa,打开后,水量约为 1 m³/h,10 月 31 日为 0.13 m³/h。10 月 31 日,E_{13-3} 孔水量为 0.59 m³/h,11 月 10 日减为 0.18 m³/h。

(3) 9 月 24 日,ES_{3-1} 孔观测水量为 19.2 m³/h,后减为 7.2 m³/h,其后呈现滴淋水。

(4) 10 月 26 日,ES_2 钻场中 $C_1{}^{3下}_{-4}$ 孔终孔出水,新增水量为 1.8 m³/h。

二、西翼灰岩出水点

(1) WS_1 石门以西放水巷和 W_{10}、W_{11} 和 W_{12} 钻场岩壁出水,其量为 5.1 m³/h。

(2) 西翼总恢复阶段因压力回升,W_4、W_6 钻场内岩壁出水,9 月 19 日实测 W_4 钻场出水,其量为 3.5 m³/h,W_6 钻场出水,其量为 5.8 m³/h。9 月 21 日进行注浆堵水,水泥浆凝固 8 小时后关闭,注浆效果较好,岩壁基本无水。

第三章 矿山地下水自动化监测系统

潘北矿 C_1 组灰岩放水试验具有程序复杂、历时较长、观测范围广、参与观测孔多等特点。因此,监测数据量(水量、水压、水位、水温及水质)庞大,能够及时、准确地获取群孔多阶段放水试验过程中数据,成为放水试验最关键任务,尤其是地面各含水层的水位观测孔如果采用人工测量,不仅测量精度低、实时性差,且需要大量人力物力。

在整个放水试验过程中,为了解决这类问题,取得与井下同步系列基础数据,本次采用了自动化水位监测系统,实时监测了矿区范围内各含水层的水位动态变化,同时对井下部分钻孔的水量及水压也采用了自动化测量。

第一节 系统介绍

一、系统功能

矿山地下水自动化监测系统是依据矿山开采规范和要求,利用数据采集技术、计算机技术、网络技术和数据库技术等实现矿区范围地下水动态数据的采集、处理和发布等为一体的综合信息管理系统,也是现代化科技应用到我国矿山一项重要系统工程,是实现矿山地下水现代化监测、提供防治水决策科学化的一个重要手段,其核心是数据采集处理和分析,并将现场采集处理后的数据及分析结果及时地发布给相关生产部门,为矿山安全管理提供强有力的决策依据。

因此,该系统从数据采集到信息发布全过程实现自动化控制,主要包括以下几个方面:

1. 数据采集自动化

即通过一定的采集方法,能够将矿山部门需要的地下水水位(压)、水量、水度、水质等数据自动采集并按照一定方式进行存储。

2. 数据处理自动化

采集到的数据能够以实时数据、报表统计、图形等直观形式显示出来。

3. 信息发布自动化

由于煤矿各个部门息息相关,因此,采集到的地下水动态变化数据通过网络简单快捷发布给各个相关部门。

二、系统结构

(一)整个系统结构

整个系统覆盖范围包括:井下监测点和井上监测点、在线监测系统中心主机、矿山网络中心服务器、矿山企业各部门接受点。从与外部发生的联系来看,系统与三类外部实体发生联系,即传感器、系统管理员和企业各部门用户。在每个监测点,由多功能监测仪对观测点指标进行监测并采集相关地下水动态变化数据,利用矿山现有以太网将井上、井下采集到的数据及时提取到动态水文多参数遥测系统数据库;再由软件将井下和井上各个测点的数据集中起来储存至企业网络中心数据库中,并进行集中统计处理与分析,并提供给用户查询。在实际过程中,也可设置一台数据采集工作站,专门用于数据采集、提取,设置一台数据库服务器用于数据的存储。矿山各部门终端用户可通过企业网络对地面、矿井下水文信息进行实时查询与统计分析。

本系统采用以互联网为基础的三层体系结构:高层为集团公司,中层为矿业公司,基层为生产矿井,如图 3-1 所示。在三个层次结构中,可以采用组合的方式构成独立运行的系统模式,可分为以下四类:① 基层系统;② 基层系统+中层系统;③ 基层系统+高层系统;④ 基层系统+中层系统+高层系统。每类系统模式都可独立运行。

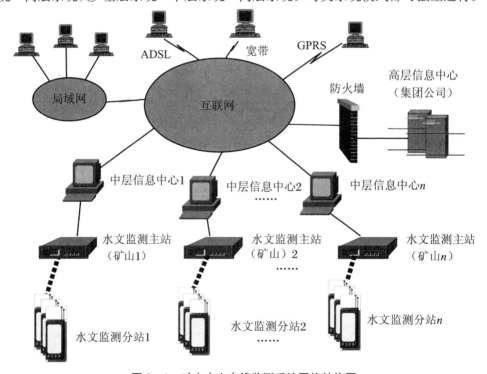

图 3-1 矿山水文在线监测系统网络结构图

（二）基层系统组成拓扑结构

该系统分为井上和井下两部分，采用树状星形网络拓扑结构。

井上部分监测各含水层水位的长观孔，通过遥测，自动记录混合分站所采集水位数据，通过 GSM 网络将数据传送到主站微机，并及时进行数据处理。

井下部分利用水文监测分站对含水层水压、水量、水温数据进行采集，即通过专用通讯电缆或井下环形以太网将数据传输到地面中心站，再通过局域网将数据发送到水文监测系统数据库。

该系统基层部分采用三层结构，即数据采集层（各种监测分站）、数据处理层（实时监测主站）以及水文数据库与网络发布层。基层数据通讯可以采用矿井以太网、专用通讯线及电话线三种方式。图 3-2 所示为井下采用以太网实现的示意图。

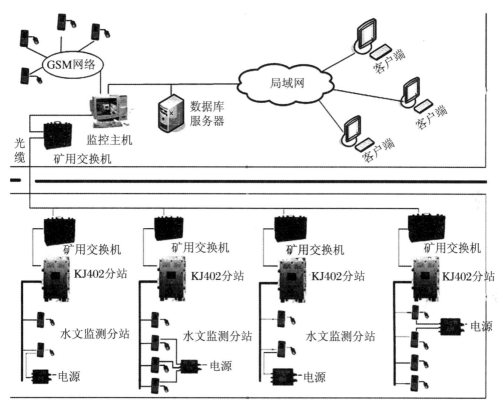

图 3-2 基层系统组成拓扑结构图

图 3-3 所示为井上、井下基层系统组成拓扑结构图。系统实现了数据采集、数据处理、数据的网络发布与应用，每一层都由软、硬件两部分组成。

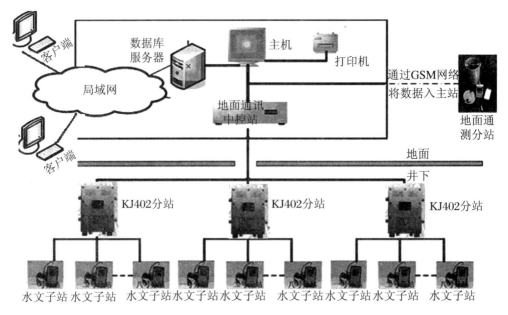

图 3-3 基层系统组成拓扑结构图

三、软件系统组成及功能

（一）软件体系与模块设计

应用软件系统主要由单机版和网络版组成，单机版可分成数据采集、数据处理、数据分析和系统管理等模块；网络版可分成前台和后台两部分，前台包括数据浏览、曲线浏览、报表浏览，后台包括基本信息管理、用户管理等模块。矿山采用水文监测系统的软件体系结构如图 3-4 所示。

（二）软件设计与实现

主要围绕水文孔基本资料的输入、多参数水文数据采集、数据的查询、数据可视化、地下水动态趋势分析以及异常情况报警等内容。系统以矿山水文地质信息查询与分析为核心，实现输入、编辑、查询、分析、输出等实用而丰富的管理功能，从而为矿山水害预测预报提供了重要的平台。

四、系统主要技术指标

（一）测量参数指标

（1）水位测量范围：0～1 000 m 任选，准确度：1‰F.S。

(2) 水压测量范围:0～10 MPa,准确度:1‰F.S。
(3) 温度测量范围:0～100 ℃,准确度:0.2 ℃。
(4) 井下明渠流量测量范围:≤10 000 m³/h,测量误差:≤5‰F.S。
(5) 管道流量测量范围:根据管道直径确定,测量误差:≤1‰F.S。

(二) 主站

(1) 数据传输方式:GSM-SMS。
(2) 分站容量:≤255。
(3) 网络传输协议:以太网、TCP/IP。
(4) 数据库:SQL SERVER。
(5) 地面测量时间间隔:1 分钟～24 小时任意设置;井下 0.2 秒。

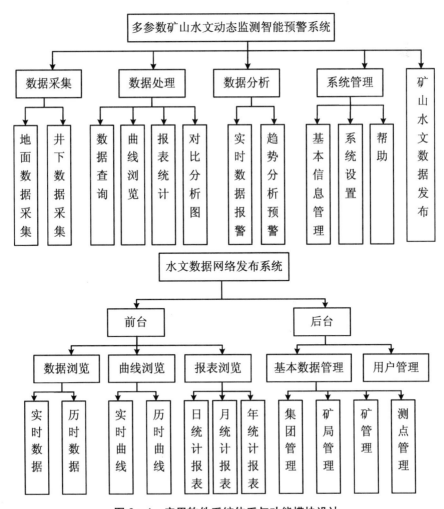

图 3-4 应用软件系统体系与功能模块设计

(三) 分站

(1) 工作电压:(18±1)V DC。
(2) 工作电流:≤500 mA。
(3) 通讯接口:RS485 总线。
(4) 传输速率:1 200 bps。
(5) 分站数据存储容量:7 272 组数据。
(6) 分站操作方式:中文菜单式。
(7) 防爆形式:矿用本质安全型。

第二节　系统分站功能及安装

一、地面各含水层水位监测

(一) 传感器

(1) 含水层水位并行编码输出传感器:可接入 1~3 个并行编码传感器(如码盘式水位计)。

(2) 水位、流量等模拟量输出传感器:可接入多达 8 只模拟量输出传感器,矿山主要为水位、流量、压力、温度等。模拟量类型可以是电流(如 4~20 mA)、电压(如 -5~+5V)、电阻或电桥。

(3) 水位压力等弦式传感器:提供专门的弦式传感器接口,可接入多种类型的弦式传感器,如渗透压、位移、形变、应力、沉降、倾斜等,最大的弦式传感器的接入数量为 8 只。

(4) SDI-12 标准智能传感器:可接入多个满足 SDI-12 标准的各种智能传感器,如智能水位计、流量计、多参数水质探头等。

(二) 数据采集及处理

1. 数据采集过程控制

水位、水质、流量等涉及码盘编码输出、模拟量输出(如水位、压力、流量、流速、温度等)、频率输出(如弦式传感器)或者 SDI-12 智能传感器(如水位、流量、水质等)等。每个遥测站可设定按照一定时间间隔定期地采集传感器获得的数据,其采集数据的周期可以分为普通采集周期和应急采集周期两种。① 普通采集周期:在大部分时间里,传感器数据处于安全范围以内,数值变化也较为缓慢,此时可以采用较长周期采集数据,以节约耗电、节省自记内存等。② 加密采集周期:在放水试验过程,遥测站采用加密测量方式,以较短的周期采集传感器数据,并与井下采集时间同步进行。普通采集周期和加密采集周期可根据需要配置。

2. 数据自记

当产生一个新的遥测数据时,该数据与采集到该数据的时间都要存入遥测站内部的非易失性存储器内,且数据带时标,如年、月、日、时、分等。遥测数据按时间顺序存储,并按一定的时间段(如一天时间)组织存放,以便于检索。非易失存储器的容量足够大,可存储一段时间内遥测站所采集到的所有数据,如存储一年的水位数据。

3. 数据发送

遥测子站采集到的数据在满足一定条件后需向中心站发送,发送时遵守实时发送数据及控制数据发送密度两条原则。

(1) 实时发送

一般情况下,遥测子站一旦有新的遥测数据,应立即向中心站发送遥测数据,保证中心站在最短的时间内收到现场数据。

(2) 发送密度控制

在出现被测数据变化剧烈的情况下,遥测子站会接连不断地产生新的遥测数据。如果每个遥测数据都发送,会带来数据拥堵现象。因此必须控制数据的发送密度。

在长时间遥测子站数据无变化时,也应每过一设定的时间将原来的数据向中心站发送。

控制发送密度的方法有:设定数据变化量的阀值、控制发送数据帧间的时间间隔、各遥测参数有独立的发送机制、每个遥测参数都应有独立的发送数据机制,重要数据可以设置成较高的发送密度,非重要数据可以设置成较低的发送密度。

4. 定时发送

监测站数据长期不变时,监测站应在发送上一次该数据后经过一特定的时间,重发该遥测数据。

(三) 中继站

如 SMART DATA 2000 中继站,就是负责接收并转发无线电信号。可避免建筑物及地形等的遮挡,加强在地面上信号直接互相传递,将信号进行再生、放大处理后,再转发给下一个中继站,以确保传输信号的质量。

(四) 遥测子站结构

子站结构如图3-5所示,主要由以下几部分组成:

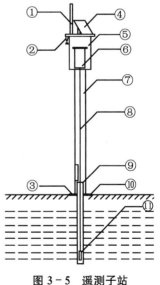

图3-5 遥测子站

① 避雷针;② GSM 或 GPRS 天线;③ 底座法兰紧固螺栓;④ 太阳能蓄能板;⑤ 设备安装箱;⑥ 遥测子站主设备及密封筒;⑦ 遥测子站安装杆;⑧ 液位传感器高强度导气电缆;⑨ 长观孔套管;⑩ 安装杆底座法兰;⑪ 液位传感器。

二、地面水文长观孔无线遥测分站

采用投入式液位传感器,利用压力计算水位,将传感器投入观测孔内,传感器输出压力频率和水对传感器压力成正比。

按照公式 $H=L-h=L-K(f-f_0)$ 计算水位埋深,其中 L 为线长,H 为埋深,K 为为线性系数,f 为实测频率,f_0 为初始频率或成为零频,如图 3-6 所示。

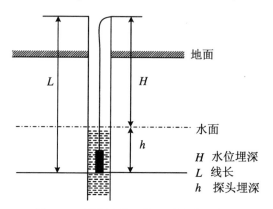

图 3-6 地面水位无线遥测分站示意图

第四章 放水试验观测数据整理与分析

潘北煤矿-490 m水平A组煤底板C_I组灰岩含水层群孔放水试验经历了4个阶段,获得了丰富的水量、水压和水位数据,进行了系统整理与分析。

第一节 放水量动态

一、试验前水量动态

8月30日至9月5日为放水试验前的背景值观测阶段,-490 m水平巷道C_I组灰岩钻孔涌水量为136.08~146.30 m³/h,平均为141.50 m³/h。

(一) 东翼

东翼单孔涌水量为0.05~6.00 m³/h,其涌水量合计为18.73~20.75 m³/h,平均为19.82 m³/h,占-490 m巷道C_I组灰岩水量14%。在东翼西段,即在DF_{-1}与DF_{9-1}断层之间,相对较大,向东减小。其中,E_1钻场涌水量合计为9.20~10.11 m³/h,平均为9.77 m³/h,占东翼涌水量的49.5%。DF_1断层附近E_{1-3}孔最大,为6.0 m³/h。

ES_1石门8个钻孔出水量合计1.31~1.76 m³/h;ES_2石门5个钻孔出水量合计1.98~3.36 m³/h。东翼各钻场出水量保持稳定,其平均值如表4-1所示。

表4-1 背景观测阶段东翼钻场出水量

(单位:m³/h)

钻场名称	E_1	E_2	E_3	EG	E_9	ES_1	ES_2	其他钻场
平均涌水量	9.77	3.35	1.00	0.21	0.81	1.46	2.81	0.7

(二) 西翼

西翼单孔涌水量为0.10~45.20 m³/h,其涌水量合计为116.09~126.09 m³/h,平均为121.35 m³/h,占-490 m水平C_I组灰岩钻孔出水量的86%。主要集中在西

翼 WS_1 石门,向东钻孔涌水量较小,向西钻孔基本无水。

WS_1 石门分布 7 个放水钻孔,其涌水量合计 96.81～103.77 m³/h,平均为 99.98 m³/h,占西翼涌水量的 82.4%。其中,石门西侧的 $WS_1C_{1-2}^{3上}$ 孔为 37.66～45.20 m³/h,$WS_1C_{1-2补}^{3下}$ 孔与 $WS_1C_{1-2}^{3上}$ 孔连通,该孔水量为 17 m³/h,两孔合计水量为 60 m³/h;而石门东侧 $WS_1C_{1-1}^{3上}$ 孔因堵孔水量仅为 1 m³/h。该阶段西翼 WS_1 石门各钻孔水量保持相对稳定,如表 4-2 所示。

表 4-2　背景观测阶段西翼 WS_1 石门钻孔涌水量

(单位:m³/h)

钻孔名称	$WS_1C_{3-1}^{3上}$	$WS_1C_{3-2}^{3上}$	$WS_1C_{3-1}^{3下}$	$WS_1C_{3-2}^{3下}$	$WS_1C_{3-2补}^{3下}$	$WS_1C_{3-4}^{3下}$	$WS_1C_{3-5}^{3下}$
平均涌水量	0.91	40.97	11.33	1.64	20.14	10.49	14.5

WS_1 石门以东,西翼回风石门和 W_4～W_9 钻场钻孔出水量较小。其中,W_8 钻场涌水量约为 0.4 m³/h,其他钻场涌水量为 2.07～8.77 m³/h,W_{9-2} 孔与 $WS_1C_{1-1}^{3上}$ 孔连通,$WS_1C_{1-1}^{3上}$ 孔堵孔时该孔水量为 2.73 m³/h。西翼 WS_1 石门以东钻场涌水量偶尔有波动。

WS_1 石门以西,各钻场钻孔基本无水,W_{10}、W_{11} 钻场涌水量为 0.1 m³/h,具体如表 4-3 所示。

表 4-3　背景观测阶段西翼钻场涌水量统计

(单位:m³/h)

钻场名称	W_4	W_5	W_6	W_7	WH	W_8	W_9	WS_1	W_{10}	W_{11}	W_{12}
平均涌水量	2.08	3.76	8.77	2.19	2.07	0.4	4.51	99.98	0.1	0.1	0

二、第一阶段放水孔水量动态

9月6日至9月18日为放水试验的第一阶段,即西翼放水孔关闭,进入恢复阶段,9月6日9时,-490 m 水平西翼 23 个 C_{3-I} 组灰岩放水孔全部关孔测压,东翼 21 个放水孔保持放水状态。

(一)东翼

9月6日至9月11日,东翼放水孔涌水量为 17.70～20 m³/h,9月12日 ES_1 石门封堵,涌水量稍有下降。

东翼涌水量主要集中在东翼西段 DF_{1-1} 与 DF_{9-1} 断层之间的 E_1～E_3 钻场,涌水量为 13.02～15.44 m³/h,约占东翼总放水量的 75%,其中,E_1 钻场涌水量最大,为 9.20～11.51 m³/h。

由于受 DF_1 断层影响,ES_1 石门、EG 石门、E_2～E_{12} 钻场中的钻孔水量无明显变化,但 E_1 钻场中的钻孔水量从 9.20 m³/h 增至 10.45～11.51 m³/h,主要受西翼关水恢复影响。

ES_2 石门中的 $ES_1C_I{}^{3下}_{-1补}$ 孔在 9 月 13 日前涌水量为 1.09～1.55 m³/h，9 月 14 日其涌水量降为 0.24 m³/h，并保持稳定，东翼各钻场涌水量历时曲线如图 4-1 及图 4-2 所示。

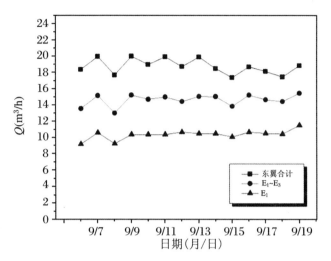

图 4-1　东翼总涌水量及 E_1～E_3 钻场涌水量历时曲线

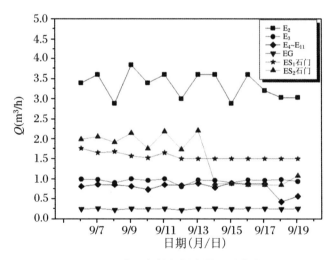

图 4-2　东翼各钻场涌水量历时曲线

9 月 13 日 18 时，东翼 E_{13-2} 孔（距 E_{12} 钻场向东约 150 m）孔深至 91 m 出水，初测水量为 72 m³/h；9 月 14 日 9 时水量为 12.8 m³/h，16 时水量为 6.8 m³/h。9 月 17 日测压为 0.5 MPa，两日后水压为 0.4 MPa，开孔后水量为 1 m³/h。

(二) 西翼

该阶段，因井下观测孔关闭水压回升，导致西翼 W_4、W_6 钻场内岩壁出水，9月19日，W_4 钻场出水量为 3.5 m^3/h，W_6 钻场出水量为 5.8 m^3/h。另外，WS_1 石门以西（放水巷迎头及 $W_{10} \sim W_{12}$ 钻场岩壁）涌水量增至 5.1 m^3/h。

三、第二阶段放水孔水量动态

9月19日至10月5日为放水试验的第二阶段，该阶段西翼 WS_1 石门东侧钻孔放水，该阶段分为前期放水阶段和后期水位恢复两个小阶段。9月19日至9月28日，西翼 WS_1 石门东侧的 $WS_1C_1^{3上}$、$WS_1C_1^{3下}$ 及 W_{9-2} 孔开始放水，其他孔保持第一阶段状态；9月29日至10月5日，关闭西翼放水孔，进行水位恢复。

(一) 东翼

东翼放水孔继续保持放水状态，其涌水量为 17.48~19.69 m^3/h。东翼西段 $E_1 \sim E_3$ 钻场涌水量为 14.03~15.98 m^3/h，占东翼总涌水量的 76.9%~86.1%，其中，E_1 钻场涌水量为 10.11~11.51 m^3/h，占东翼的 55.56%~62.7%。9月26日~9月28日，E_1 钻场 E_{1-1}、E_{1-3} 两孔关闭，致使东翼涌水量迅速下降，同时，E_{2-3} 孔涌水量增大至 2 m^3/h。

在西翼放水阶段，E_1 钻场涌水量略有减小，由 11.51 m^3/h 减至 10.95 m^3/h，在恢复阶段，由 10.95 m^3/h 增至 11.38 m^3/h，E_1 钻场受西翼放水及恢复影响不明显。受 $ES_2C_{1-1补}^{3下}$ 孔影响，ES_2 石门涌水量出现无规律波动，ES_1 石门、EG 石门、$E_2 \sim E_{12}$ 钻场中的钻孔水量无明显变化，各钻场涌水量历时曲线见图 4-3 及图 4-4。

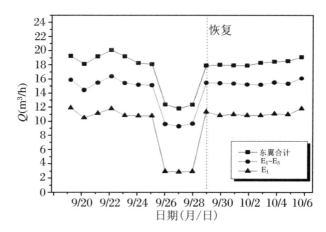

图 4-3　东翼总涌水量及 $E_1 \sim E_3$ 钻场涌水量历时曲线

在放水试验期间,ES$_3$ 石门前探孔 9 月 23 日孔深 104 m 出水,初测水量约 19.2 m³/h,9 月 24 日减为 7.2 m³/h,直至干枯。

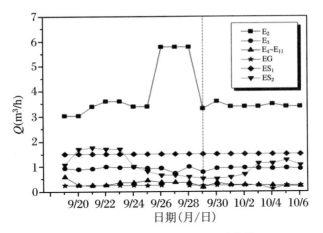

图 4-4　东翼各钻场涌水量历时曲线

(二)西翼

9 月 19 日至 9 月 28 日,西翼 WS$_1$ 石门 WS$_1$C$_{I-1}^{3上}$、WS$_1$C$_{I-1}^{3下}$、W$_{9-2}$孔放水,涌水量为 100.8～169.1 m³/h,稳定为 124.00 m³/h,各放水孔情况如下(图 4-5、图 4-6、图 4-7)。

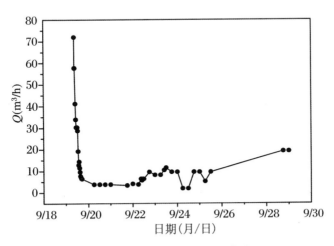

图 4-5　W$_{9-2}$孔涌水量历时曲线

1. W$_{9-2}$孔

9 月 19 日 9 时开孔,初始水量为 72 m³/h,后水量迅速衰减,9 月 20 日 12 时为 3.84 m³/h,稳定一段时间至 9 月 22 日 12 时变为 6.4 m³/h,9 月 23 日 12 时为

11.52 m³/h,9月24日12时为1.99 m³/h,9月25日12时为9.6 m³/h,9月28日后水量稳定为19.2 m³/h。

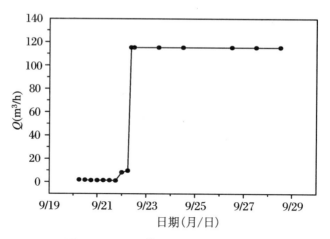

图4-6 $WS_1C_{1-1}^{3上}$孔涌水量历时曲线

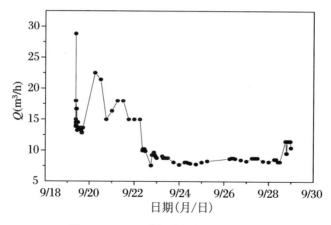

图4-7 $WS_1C_{1-1}^{3下}$孔涌水量历时曲线

2. $WS_1C_{1-1}^{3上}$孔

9月19日9时因垮孔无水,透孔开始为1.09~9.6 m³/h,9月22日零时,初始水量为150 m³/h,9月22日12时为115.2 m³/h,之后水量稳定,28日12时后因堵孔水量减为2.00 m³/h。

3. $WS_1C_{3-1}^{3下}$孔

9月19日9时初始水量为28.8 m³/h,9月20日12时为21.43 m³/h,9月21日12时为18 m³/h,之后水量稳定为10 m³/h,9月22日18时进入管道仪器,水量为8.8 m³/h,9月25日12时水量为16.46 m³/h,各孔水量历时曲线见图4-5~图4-7。

9月21日,W_{4-3}、W_{6-2}和W_{6-3}孔开孔泄压,W_{4-3}孔涌水量为3.8 m³/h,W_{6-2}、

W_{6-3} 均为 8.2 m³/h；此外，WS_1 石门以西放水巷迎头及 W_{10}、W_{11} 和 W_{12} 钻场岩壁出水量约为 5.1 m³/h。

四、第三阶段放水孔水量动态

10 月 6 日至 10 月 30 日，为西翼 WS_1 石门西侧钻孔放水及恢复阶段的第三阶段，即分为放水阶段和水位恢复两个小阶段。10 月 6 日至 10 月 16 日，西翼 WS_1 石门西侧的 $WS_1C_{1-2}^{3上}$、$WS_1C_{1-2补}^{3下}$ 及 $WS_1C_{1-4}^{3下}$ 孔开孔放水，其他观测孔保持上一阶段状态；10 月 17 日至 10 月 30 日，关闭西翼放水孔，进行水位恢复。

（一）东翼

该阶段的东翼总水量为 18.73～20.89 m³/h，受 E_{13-2} 孔出水影响，比以往增大 1.0 m³/h，其历时曲线见图 4-8 及图 4-9。

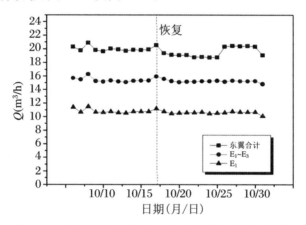

图 4-8 东翼总涌水量及 E_1～E_3 钻场涌水量历时曲线

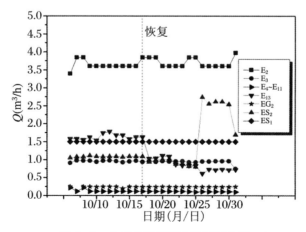

图 4-9 东翼各钻场涌水量历时曲线

东翼西段 $E_1 \sim E_3$ 钻场涌水量为 14.81~16.29 m³/h,占东翼总涌水量的 74.4%~81.5%,其中,E_1 钻场涌水量为 10.10~11.48 m³/h,占东翼总涌水量的 52.1%~56.7%。

在该阶段,ES_1 石门、EG 石门、$E_1 \sim E_{12}$ 钻场中的钻孔水量无明显变化;10 月 26 日至 10 月 30 日,受 ES_2 的 $C_{1-4}^{3下}$ 孔出水影响,ES_2 石门涌水量增大至 4.1 m³/h,10 月 30 日其涌水量降为 1.5 m³/h;受 $E_{13} \sim E_3$ 孔水量衰减影响,E_{13} 钻场在该阶段呈下降趋势。

(二)西翼

10 月 17 日至 10 月 30 日,西翼 WS_1 石门 $WS_1 C_{1-2}^{3上}$、$WS_1 C_{1-2补}^{3下}$ 孔放水,由于 $WS_1 C_{1-4}^{3下}$ 孔堵孔,未透孔参与放水,两孔合计为 92 m³/h,各放水孔情况如下。

1. $WS_1 C_{1-2}^{3上}$ 孔

水量较大,为 90 m³/h,并且稳定。

2. $WS_1 C_{1-2补}^{3下}$ 孔

9 月 19 日 9 时初始水量为 180 m³/h,水量迅速衰减,并稳定为 2.0 m³/h,其历时曲线如图 4-10 所示。

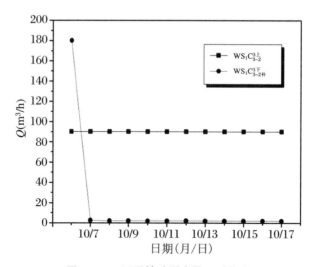

图 4-10 西翼钻孔涌水量历时曲线

在这期间,WS_1 石门以西放水巷迎头及 W_{10}、W_{11} 和 W_{12} 钻场岩壁出水量约为 5.1 m³/h。

五、第四阶段放水孔水量动态

10 月 31 日至 11 月 15 日为总放水阶段。在东翼放水的同时,打开西翼的 15 个放水孔。-490 m 水平灰岩总涌水量为 155.68~214.69 m³/h。其中,东翼为 18.37~21.83 m³/h,占总涌水量的 9.16%~12.17%;西翼为 136.87~192.86 m³/h,占总涌水量的 87.83%~90.84%。-490 m 水平灰岩总涌水量及东、西翼总涌水量历时曲线见图 4-11。

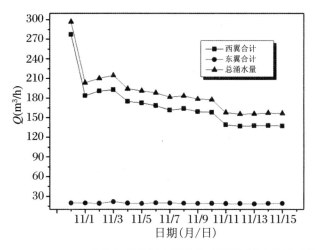

图 4-11 -490 m 水平灰岩总涌水量及东、西翼总涌水量历时曲线

(一)东翼

该阶段东翼涌水量合计为 8.17~21.73 m³/h,整体上为下降趋势,但降幅较小,见图 4-12。

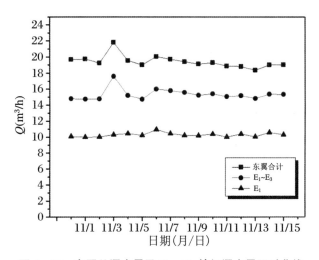

图 4-12 东翼总涌水量及 E_1~E_3 钻场涌水量历时曲线

东翼西段 $E_1 \sim E_3$ 钻场涌水量最大,为 $14.73 \sim 17.61 \ m^3/h$,约占东翼涌水量的 77%,其中,E_1 钻场涌水量为 $9.99 \sim 10.96 \ m^3/h$,约占东翼涌水量的 53%。

东翼各钻场、石门涌水量变幅均不大,即受西翼放水影响不大,各钻场涌水量历时曲线见图 4-12 及图 4-13。

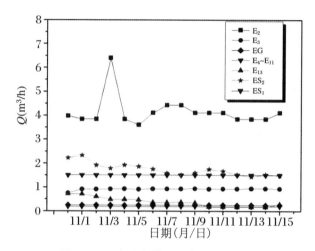

图 4-13 东翼各钻场涌水量历时曲线

(二) 西翼

10 月 31 日,参与放水孔为 W_{4-1}、W_{5-1}、W_{5-2}、W_{5-3}、W_{6-2}、W_{6-3}、W_{7-1}、W_{9-2}、$WS_1C_1^{3上}{}_{-1}$、$WS_1C_1^{3上}{}_{-2}$、$WS_1C_1^{3下}{}_{-1}$、$WS_1C_1^{3下}{}_{-2}$、$WS_1C_1^{3下}{}_{-2}$、$WS_1C_1^{3下}{}_{-2补}$、$WS_1C_1^{3下}{}_{-4}$ 等共 15 个,水量合计为 $137.83 \ m^3/h$,具体如下:

(1) 放水孔初始瞬间涌水量很大,达到 $277.16 \ m^3/h$,后迅速衰减定为 $136.87 \sim 139.05 \ m^3/h$,与背景值观测涌水量 $121.35 \ m^3/h$ 相近。

(2) WS_1 石门钻孔涌水量最大,6 个钻孔共计 $108.32 \sim 174.98 \ m^3/h$,稳定后平均为 $108.75 \ m^3/h$,占西翼总涌水量的 79.08%,其中,$WS_1C_1^{3上}{}_{-1}$ 和 $WS_1C_1^{3上}{}_{-2}$ 孔分别为 $39.29 \ m^3/h$ 和 $53.50 \ m^3/h$,占 WS_1 石门总涌水量的 85.33%,占西翼总涌水量的 67.32%。

WS_1 石门东侧 $C_1^{3下}{}_{-1}$ 孔为控制放水,即闸阀未全打开,故水量稳定,受 $WS_1C_1^{3上}{}_{-1}$ 孔影响,W_{9-2} 孔水量迅速衰减。

(3) WS_1 石门以东的 W_4、W_5、W_6、W_9 四个钻场的涌水量相对较小,稳定后共计为 $23.98 \ m^3/h$,占西翼总涌水量的 17.40%,W_{9-2} 孔涌水量为 $9.60 \ m^3/h$。

(4) WS_1 石门以西放水巷迎头及 $W_{10} \sim W_{12}$ 钻场涌水量约为 $5.1 \ m^3/h$。

(5) WS_1 石门钻孔及其以东钻孔具有初始水量大、衰减速度快、衰减幅度大的特点。

各钻场涌水量历时曲线见图 4-14。

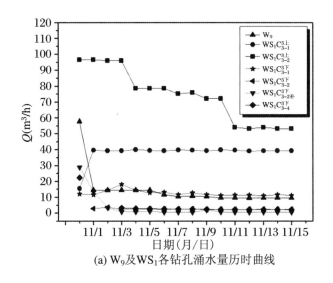

(a) W_9 及 WS_1 各钻孔涌水量历时曲线

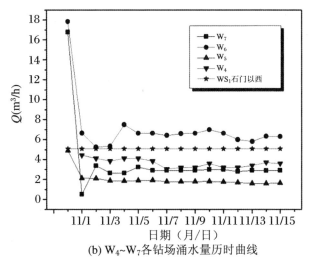

(b) $W_4 \sim W_7$ 各钻场涌水量历时曲线

图 4-14　各钻孔涌水量历时曲线

六、放水试验阶段总涌水量动态

由放水试验整个过程中的东、西翼总涌水量历时曲线(图 4-15)表明：
(1) 西翼放水孔均具有初始放水量大、衰减速度快、衰减幅度大并较快趋于稳定的特征。
(2) 在整个放水试验过程中，东翼水量具有西段相对较小、向东减少的特征。
(3) 东翼水量整体上较稳定，且水量相对较大的钻孔集中在 F_{a-1} 与 DF_{9-1} 断层之

间的 E_1、E_2 以及 E_3 钻场中,尤以 E_1 钻场中的钻孔涌水量最大。

(4) 西翼关孔恢复阶段 E_1 钻场中的钻孔水量有所增大,东翼水量变化受到西翼放水和恢复影响不明显。

(5) 依放水试验资料,以 DF_1 断层为界分东、西两翼,根据放水试验期间各钻场钻孔水量大小,将 -490 m 水平 C_{3-1} 组灰岩划分为两翼四段。自东向西为:

① 东翼东段,DF_9 断层以东,富水性弱,涌水量约 5 m³/h;

② 东翼西段,DF_9 至 DF_1 断层之间,富水性弱,涌水量约 15 m³/h;

③ 西翼东段,DF_1 断层至辅 2 线间,富水性较强,涌水量约 120 m³/h;

④ 西翼西段,辅 2 线以西,井下未揭露,受东段出水影响,十线、十西线 C_{3-1} 组灰岩最低水位在 -50 m 以下。该块段受潘三背斜灰岩含水层侧向补给,富水性强。

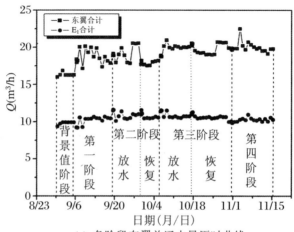

(a) 各阶段东翼总涌水量历时曲线

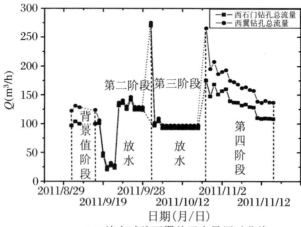

(b) 放水试验西翼总涌水量历时曲线

图 4-15 西翼总涌水量历时曲线

第二节 水压动态变化

一、试验前水压动态

在8月30日至9月5日,井下共有10个测压孔,其中,东翼6个,分别为E_{3-3}、E_{4-3}、E_{6-2}、E_{7-3}、E_{8-2}、E_{9-3}等,E_{3-3}孔压力为0~0.53 MPa;西翼4个,分别为W_{10-1}、$W_{10-1补}$、W_{12-1}、W_{12-2}等,W_{12-1}孔压力为0~0.40 MPa。

二、第一阶段水压动态

9月6日恢复开始,各钻场所测动水水压很小,为0~0.50 MPa,其中E_3~E_5为0.34~0.49 MPa,即水位标高为-450.50~-437.60 m;西翼为1.83~3.00 MPa,即水位标高为-185.00~-301.50 m。在恢复过程中,东翼钻孔压力变化很小,至9月19日,水压仅为0~0.52 MPa,多数稳定,少数孔略有起伏变化,E_{3-3}孔水压回升了0.03 MPa;西翼钻孔水压回升幅度为1.40~2.31 MPa,恢复后的水压为3.81~4.60 MPa,即水位标高为-25.80~-103.40 m。

(一)东翼

2011年9月6日西翼关孔时,东翼各孔水压为0~0.49 MPa,其中E_{2-1}、E_{3-3}、E_{5-2}孔水压在0.34~0.49 MPa之间;E_{1-2}、E_{4-3}、E_{6-2}、E_{7-3}孔水压在0.01~0.08 MPa之间,E_8及其以东为零。至9月19日,东翼各孔水压为0~0.52 MPa,除E_{2-1}孔水压由0.36 MPa降为0.11 MPa,E_{3-3}孔水压由0.49 MPa上升为0.52 MPa外,其他孔水压无较大变化。

(二)西翼

西翼恢复阶段前动水水压为1.83~3.00 MPa,即水位为-185.00~-301.50 m。在恢复过程中,钻孔水压回升至1.40~2.31 MPa,恢复后的水压为3.81~4.60 MPa,即水位为-25.80~-103.40 m,最低水压为石门东侧的$WS_1C_{1-1}^{3上}$孔和石门迎头的$WS_1C_{1-5}^{3下}$孔,在恢复过程中各钻孔呈现出不同变化特点,分述如下。

1. WS_1石门

当西翼开始恢复时,WS_1石门钻孔水压大都快速回升,依前一阶段钻孔涌水量大小的不同,各孔压力变化呈现不同特点。

（1）水量大于 11.0 m³/h 的钻孔：在回升过程中，具有滞后时间短、先期水压恢复快、后趋于稳定的特征，此类钻孔有 $WS_1C_{1-2}^{3上}$、$WS_1C_{1-1}^{3下}$、$WS_1C_{1-2补}^{3下}$、$WS_1C_{1-4}^{3下}$、$WS_1C_{1-5}^{3下}$ 等，如图 4-16～图 4-20 所示，其中，位于 WS_1 石门东侧的 $WS_1C_{1-1}^{3下}$ 孔恢复速度最快，幅度最大。

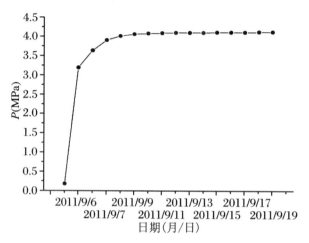

图 4-16　$WS_1C_{1-2}^{3上}$ 孔水压历时曲线

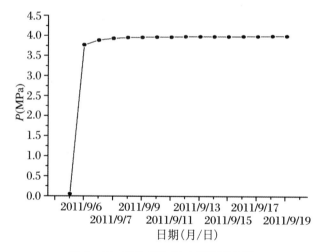

图 4-17　$WS_1C_{1-1}^{3下}$ 孔水压历时曲线

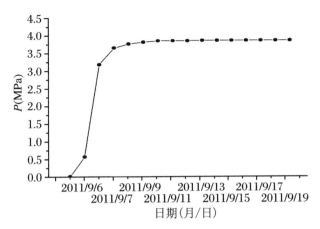

图 4-18　$WS_1 C_{1-2补}^{3下}$ 孔水压历时曲线

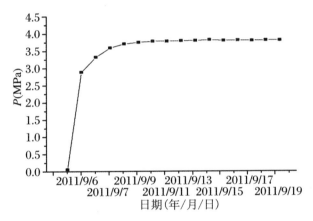

图 4-19　$WS_1 C_{1-4}^{3下}$ 孔水压历时曲线

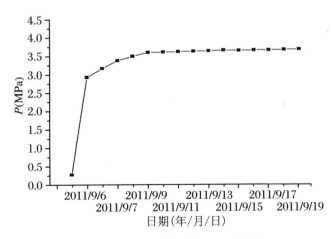

图 4-20　$WS_1 C_{1-5}^{3下}$ 孔水压历时曲线

(2) 水量很小的钻孔:水压回升滞后时间长,后较快趋于稳定。如 $WS_1C_{3-2}^{3下}$ 孔滞后 4.5 小时回升,$WS_1C_{3-1}^{3上}$ 孔滞后 57 小时回升,如图 4-21 及图 4-22 所示。

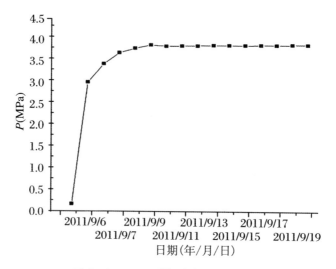

图 4-21　$WS_1C_{1-2}^{3下}$ 孔水压历时曲线

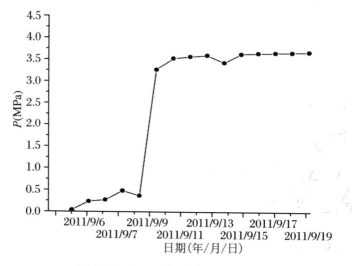

图 4-22　$WS_1C_{1-1}^{3上}$ 孔水压历时曲线

2. $W_4 \sim W_{12}$ 钻场和 WH 石门测压孔

9月6日,钻孔动水水压小,为 0～0.50 MPa。由于 $W_4 \sim W_{12}$ 钻场和 WH 石门单孔涌水量为 0.2～5.76 m³/h,滞后增压呈现不同的特征。

(1) 滞后时间短,水压快速回升并稳定,如 $W_{10-1补}$ 孔,见图 4-23。

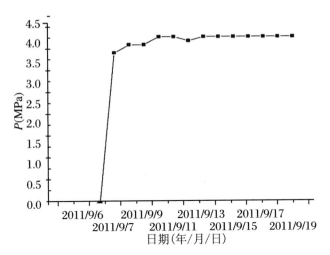

图 4-23　$W_{10-1补}$孔水压历时曲线

（2）滞后时间较长，水压快速回升和稳定，如孔 W_{8-2}、W_{9-2}，见图 4-24 及图 4-25。

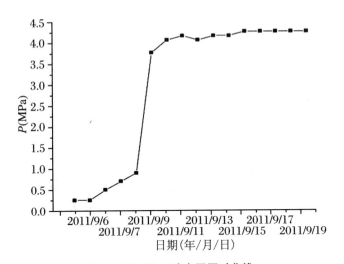

图 4-24　W_{8-2}孔水压历时曲线

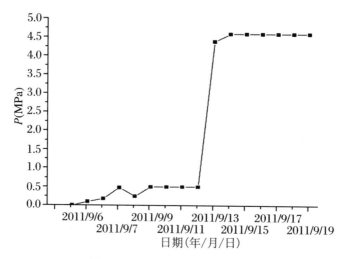

图 4-25 W$_{9-2}$孔水压历时曲线

(3) 滞后时间较短,水压快速回升但未持续回升,三日后反而下降,由于升压过程中造成孔口岩壁出水所致,如孔 W$_{6-2}$、W$_{7-2}$,见图 4-26 及图 4-27。

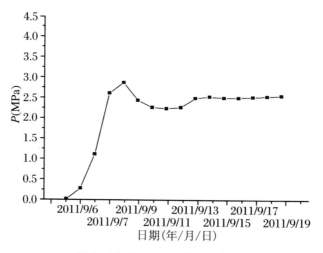

图 4-26 W$_{7-2}$孔水压历时曲线

(4) 钻孔的滞后时间短,后水压回升,但回升幅度较小,由于孔口附近的岩壁渗水,稳定水压最大为 2.3 MPa,包括 W$_{4-1}$、W$_{5-1}$钻场,如图 4-28 及图 4-29 所示。

(5) 钻孔水压存在一定滞后性,后回升并趋于稳定,最大为 0.4~1.2 MPa。W$_{11}$、W$_{12}$钻场距主要出水孔较远,但水压偏低,由于钻孔水量太小和孔口岩壁渗水所致,如回风石门和 W$_{11}$、W$_{12}$钻场,如图 4-30~图 4-32 所示。

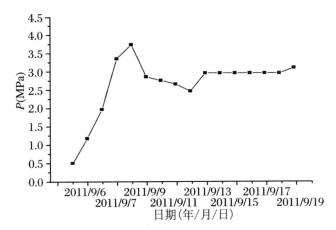

图4-27 W_{6-2}孔水压历时曲线

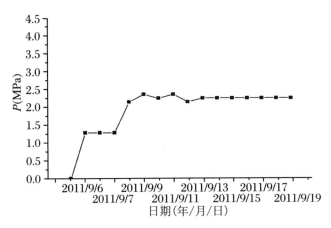

图4-28 W_{4-1}孔水压历时曲线

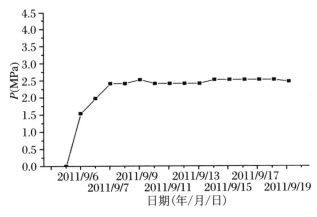

图4-29 W_{5-1}孔水压历时曲线

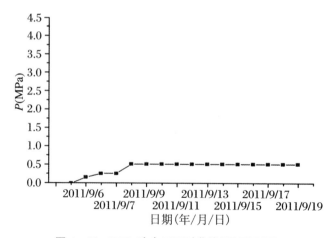

图 4-30 WH$_5$ 孔水压历时曲线(回风石门)

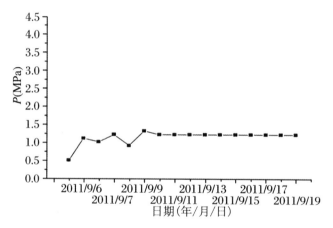

图 4-31 W$_{11-1补}$ 孔水压历时曲线

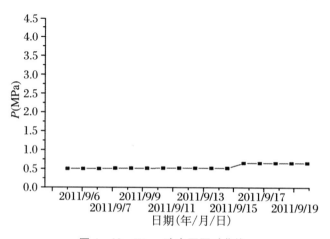

图 4-32 W$_{12-2}$ 孔水压历时曲线

三、第二阶段水压动态

(一) 东翼

东翼各孔水压为 0~0.52 MPa,除 $ES_2C_{1-1补}^{3下}$ 孔水压为 0.50 MPa 外,其他孔水压无明显变化。

(二) 西翼

在西翼 WS_1 石门东侧钻孔放水期间,钻孔水压下降为 0.18~2.41 MPa,关孔前动水压为 2.04~3.60 MPa,即水位为 -124.50~-280.500 m。在恢复过程中,钻孔水压回升至 0.40~2.40 MPa,恢复后的水压为 2.64~4.44 MPa,即水位为 -40.50~-223.10 m。

在西翼 WS_1 石门的 $WS_1C_{1-1}^{3上}$、$WS_1C_{1-1}^{3下}$ 和 W_{9-2} 孔放水后,各观测孔水压迅速下降,特征分述如下:

1. WS_1 石门

西翼三灰石门共有五个测压孔,各观测孔的水压都经历了水压平稳、下降和上升三个阶段。其中,$WS_1C_{1-1}^{3上}$ 孔透孔前,其他两个孔水量相对较小,对石门内的各测压孔影响不明显。透孔后,水量突然增大,水压下降快,停止疏放后,各观测孔水压逐步恢复并趋于稳定,如图 4-33~图 4-37 所示。

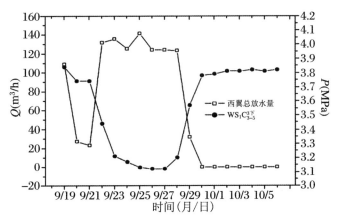

图 4-33 $WS_1C_{3-5}^{3下}$ 孔水压历时曲线

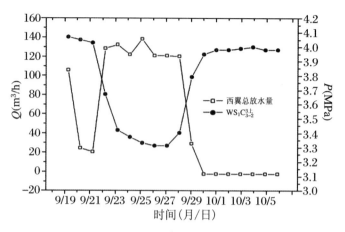

图 4-34　$WS_1C_{1-2}^{3上}$ 孔水压历时曲线

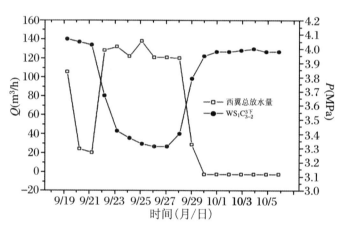

图 4-35　$WS_1C_{1-2}^{3下}$ 孔水压历时曲线

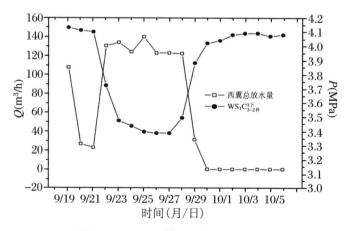

图 4-36　$WS_1C_{1-2补}^{3下}$ 孔水压历时曲线

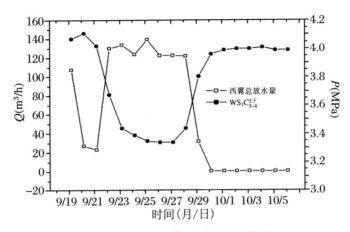

图 4-37 $WS_1C_{3-4}^{3下}$ 孔水压历时曲线

2. $W_{4-2} \sim W_{9-2}$

由 W_{4-2} 至 W_{9-2} 钻场，即距 WS_1 石门内各放水孔越来越近，其孔水压值具有由小增大的变化趋势，如图 4-38～图 4-47 所示。其中，$W_{4-2} \sim W_{6-1}$ 各观测孔，因受放水和恢复的影响，具有先下降后回升的变化趋势，加之距离放水孔相对较远，水压下降和回升的幅度相对较小；而 $W_{6-2} \sim W_{8-1}$ 中的观测孔，不仅具有先下降后回升的趋势，且具有水压下降和回升的幅度相对较大的特点。

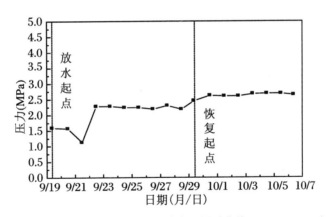

图 4-38 W_{4-2} 孔水压历时曲线

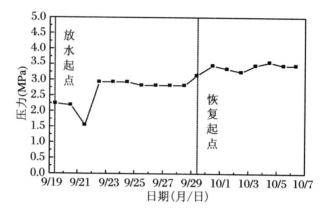

图 4-39 W_{5-1} 孔水压历时曲线

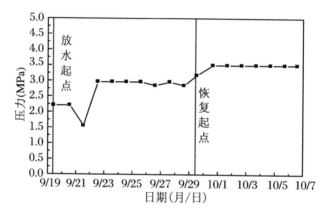

图 4-40 W_{5-2} 孔水压历时曲线

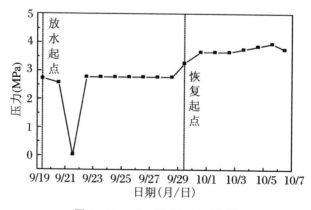

图 4-41 W_{6-1} 孔水压历时曲线

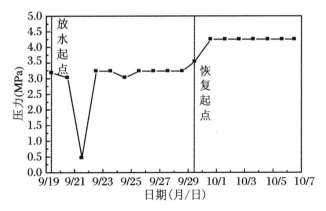

图4-42 W$_{6-2}$孔水压历时曲线

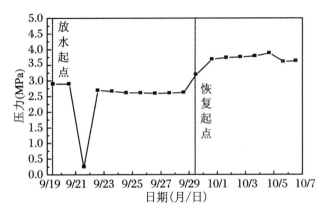

图4-43 W$_{6-3}$孔水压历时曲线

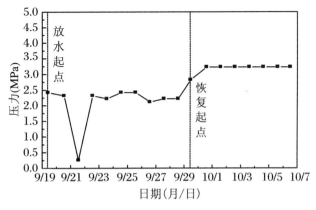

图4-44 W$_{7-1}$孔水压历时曲线

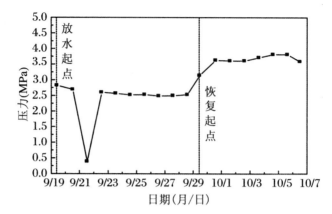

图 4-45 W_{7-2} 孔水压历时曲线

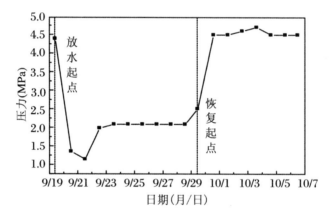

图 4-46 W_{8-2} 孔水压历时曲线

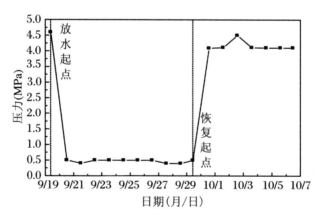

图 4-47 W_{9-2} 孔水压历时曲线

3. $W_{10-2} \sim W_{12-2}$ 测压孔

西翼三灰石门以西的 W_{10-2}、$W_{10-1补}$ 水压具有阶梯式下降、然后再回升的特点；而以西 $W_{11-1补}$、W_{12-2} 水压较小，但变化趋势不明显，见图 4-48～图 4-51。

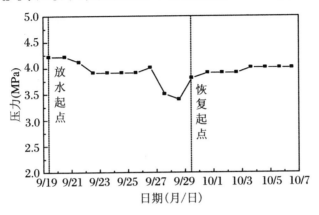

图 4-48　W_{10-2} 孔水压历时曲线

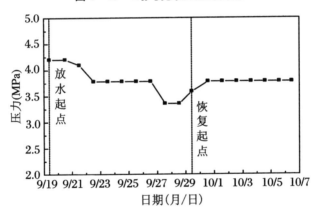

图 4-49　$W_{10-1补}$ 孔水压历时曲线

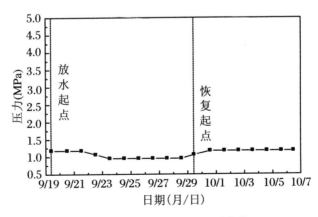

图 4-50　$W_{11-1补}$ 孔水压历时曲线

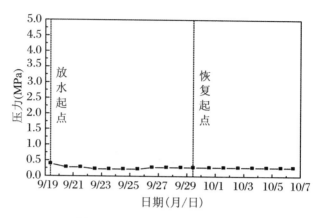

图 4-51 W_{12-2} 孔水压历时曲线

四、第三阶段水压动态

(一) 东翼

东翼各孔水压为 0~0.58 MPa。其中，E_{3-3}、E_{5-2} 和 $ES_2C_{1-1补}^{3下}$ 孔为 0.34~0.56 MPa。除 E_{3-3} 孔水压由 0.54 MPa 升至 0.58 MPa 外，其他孔水压均无明显变化。

(二) 西翼

除 $WS_1C_{1-1}^{3下}$ 孔无明显变化外，W_4 至 W_{10} 钻场及 WS_1 石门中的钻孔水压具有随放水而下降、随恢复而回升的特点。

在放水期间，测压孔水压降为 0.2~2.12 MPa，水压下降至 1.97~4.2 MPa，即水位为 -65.90~-287.50 m，但 WS_1 石门东侧的 $WS_1C_{1-1}^{3下}$ 孔水压为 4.2~4.4 MPa；在恢复期间，水压升为 0.2~2.10 MPa，最终回升到 2.52~4.4 MPa，即水位为 -45.90~-235.10 m，WS_1 石门东侧的 $WS_1C_{1-1}^{3下}$ 孔水压仅回升了 0.03 MPa。

除 WS_1 石门东侧 $WS_1C_{1-1}^{3上}$、$WS_1C_{1-1}^{3下}$、W_{9-2} 孔和石门中 $WS_1C_{1-5}^{3下}$ 以及西侧 $WS_1C_{1-4}^{3下}$ 孔恢复水压略高于放水前水压外，其余测压孔恢复水压均低于放水前水压。

1. WS_1 石门测压孔

除 $WS_1C_{1-1}^{3下}$ 孔外，其他测压孔水压升、降变化幅度较大。

(1) 放水开始时，WS_1 石门西侧与两个放水孔相近的 $WS_1C_{1-2}^{3下}$ 孔水压力滞后 15 分钟，然后开始大幅度下降，放水开始 30 分钟，水压由 4.0 MPa 陡降至 0.26 MPa。

(2) 放水结束时，WS_1 石门西侧放水孔水压降为 1.34~2.12 MPa，动水压力为 1.97~2.66 MPa，即水位为 -219.40~-287.50 m，形成以西侧的 $WS_1C_{1-2}^{3上}$、

$WS_1C_{1-2补}^{3下}$ 放水孔为中心的降落漏斗;WS_1 石门中其他钻孔水压下降幅度亦较大,但受孔距因素影响而不同。石门迎头的 $WS_1C_{1-5}^{3下}$ 孔水压降至 0.91 MPa,石门东侧的 $WS_1C_{1-1}^{3上}$ 孔水压降至 0.32 MPa,水压分别为 2.91 MPa 和 3.75 MPa,即水位为 -109.40 m 与 -193.40 m。石门东侧的 $WS_1C_{1-1}^{3下}$ 孔水压为 4.2~4.4 MPa。

(3) 在恢复阶段,WS_1 石门内 7 个钻孔水压恢复较快,6 个小时达 2.57~3.91 MPa,但水压恢复速度和幅度不同,其中石门西侧钻孔,如 $WS_1C_{1-1}^{3上}$(放水量大)的水压 1 分钟内就快速回升至 3.5 MPa,而放水量较小的 $WS_1C_{1-2补}^{3下}$ 孔滞后 2 小时开始恢复,未参与放水但终孔水量较小的 $WS_1C_{1-4}^{3下}$ 孔和 $WS_1C_{1-2}^{3下}$ 孔分别滞后 15 分钟和 10 分钟开始缓升;石门迎头的 $WS_1C_{1-5}^{3下}$ 孔滞后 5 分钟,石门东侧的 $WS_1C_{1-1}^{3上}$ 孔滞后 20 分钟。

(4) 当恢复结束时,WS_1 石门中钻孔水压升至 3.79~4.13 MPa,即水位为 -71.40~-105.40 m。其中,石门西侧钻孔水压为 3.79~4.07 MPa。除 WS_1 石门东侧 $WS_1C_{1-1}^{3上}$、$WS_1C_{1-1}^{3下}$ 和石门迎头的 $WS_1C_{1-5}^{3下}$ 以及西侧 $WS_1C_{1-4}^{3下}$ 孔的恢复水压略高于放水前水压外,其余 3 个孔恢复水压低于放水前水压,石门东侧的 $WS_1C_{1-1}^{3下}$ 孔水压仅回升 0.03 MPa。WS_1 石门中各钻孔水压变化情况如图 4-52~图 4-55 所示。

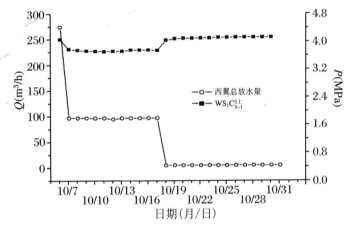

图 4-52 $WS_1C_{3-1}^{3上}$ 孔水压历时曲线

2. W_4~W_{12} 钻场及回风石门测压孔

(1) WH 回风石门和 W_{11}、W_{12} 钻场中钻孔、出水量很小而且岩壁渗水,所测水压很小。

(2) W_4~W_{10} 钻场中钻孔:放水前,水压为 2.64~4.40 MPa,即水位为 -45.90~-223.10 m,水位表现为东低西高;放水后,水压疏降了 0.20~1.40 MPa,动水压力为 2.38~4.20 MPa,即水位为 -65.90~-249.10 m;恢复后,水压上升了 0.14~1.10 MPa,水压回升至 2.52~4.4 MPa,即水位为 -45.90~-235.10 m。其水压变

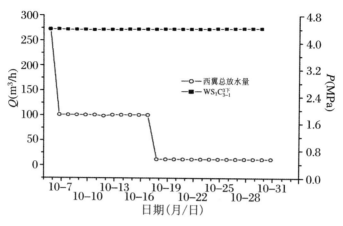

图 4-53 $WS_1C_{3-1}^{3下}$ 孔水历时曲线

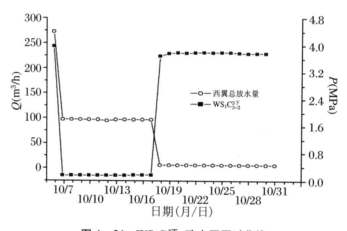

图 4-54 $WS_1C_{3-2}^{3下}$ 孔水压历时曲线

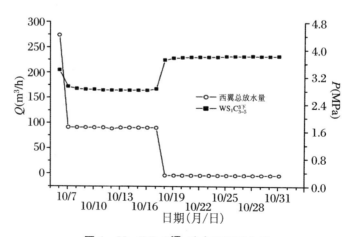

图 4-55 $WS_1C_{3-5}^{3下}$ 孔水压历时曲线

化历时曲线如图 4-56~图 4-66 所示。

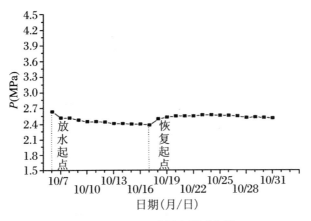

图 4-56　W_{4-2} 孔压力历时曲线

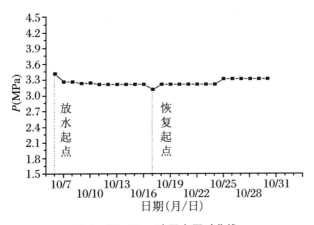

图 4-57　W_{5-1} 孔压力历时曲线

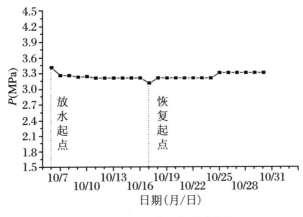

图 4-58　W_{5-2} 孔压力历时曲线

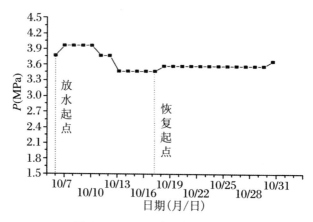

图 4-59 W_{6-1} 孔压力历时曲线

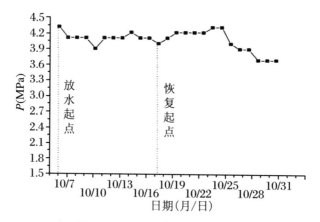

图 4-60 W_{6-2} 孔压力历时曲线

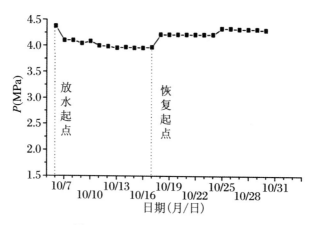

图 4-61 W_{6-3} 孔压力历时曲线

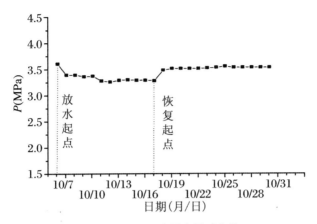

图 4-62　W_{7-2} 孔压力历时曲线

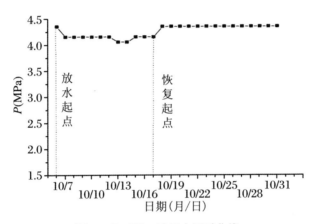

图 4-63　W_{8-2} 孔压力历时曲线

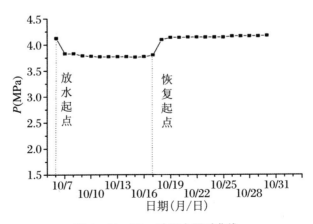

图 4-64　W_{9-2} 孔压力历时曲线

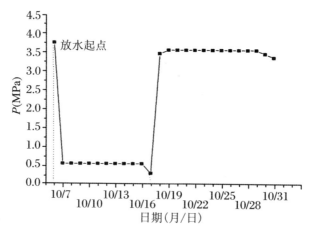

图 4-65　$W_{10-1补}$ 孔压力历时曲线

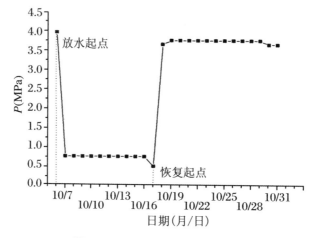

图 4-66　W_{10-2} 孔压力历时曲线

$W_4 \sim W_9$ 钻场中钻孔：位于 WS_1 石门以东，水压多数呈放水时下降、恢复时回升，但幅度较小。值得注意的是，W_8 钻场中的两个孔，变化趋势相同但水压差值大。

W_{10} 钻场位于 WS_1 石门以西，其 4 个钻孔，水压变化趋势相同，但水压差大，该钻场与 WS_1 石门西侧放水孔较近，受放水影响很大，放水开始后，钻孔水压陡降幅度大，放水 2.5 小时，$W_{10-1补}$ 和 W_{10-2} 孔水压分别由 4 MPa、3.8 MPa 降至 1.1 MPa、1.0 MPa。恢复开始 1.5 小时后，两孔陡升，由此可知，W_{10} 钻场中钻孔与 WS_1 石门西侧放水孔水力联系密切。

五、第四阶段水压动态

(一) 东翼

东翼各孔水压为 $0\sim0.59$ MPa。其中 E_{3-3}、E_{5-2} 和 E_{2-1} 孔水压较大,分别为 0.55 MPa、0.34 MPa 和 0.09 MPa;其余钻孔水压很小,仅为 $0\sim0.08$ MPa。除 E_{3-3} 孔水压由 0.59 MPa 下降至 0.55 MPa 外,其他孔水压均无明显变化。

(二) 西翼

1. WS_1 石门内钻孔

(1) WS_1 石门东侧的 $WS_1C_{1-1}^{3下}$ 孔、$WS_1C_{1-1}^{3上}$ 孔和西侧的 $WS_1C_{1-4}^{3下}$ 孔、$WS_1C_{1-2}^{3下}$ 孔、$WS_1C_{1-2补}^{3下}$ 孔、$WS_1C_{1-2}^{3上}$ 孔开孔放水后水压为零。

(2) 位于 WS_1 石门迎头的 $WS_1C_{1-5}^{3下}$ 孔,其水压下降变化呈初期下降快,后期减慢并渐趋稳定的趋势,如图 4-67 所示。

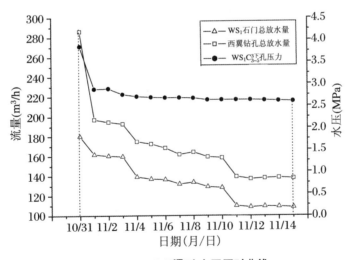

图 4-67 $WS_1C_{3-5}^{3下}$ 孔水压历时曲线

2. $W_4\sim W_{12}$ 钻场和回风石门孔

$W_4\sim W_{12}$ 钻场内的钻孔水压变化差异较大,主要分为三种类型。

(1) 显著下降型

主要有 W_{4-2}、W_{8-2}、W_{10-1} 和 W_{10-2} 等孔,其特点为:放水前水压均较高,21 小时后,水压呈波动性缓慢下降并趋于稳定,如图 4-68~图 4-71 所示。

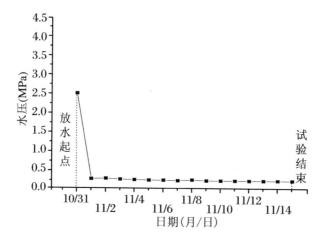

图 4-68 W$_{4-1}$孔压力历时曲线

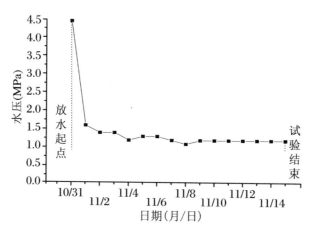

图 4-69 W$_{8-2}$孔压力历时曲线

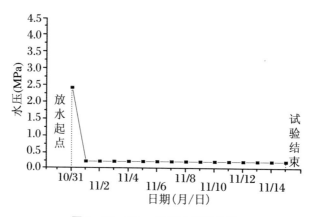

图 4-70 W$_{10-1}$孔压力历时曲线

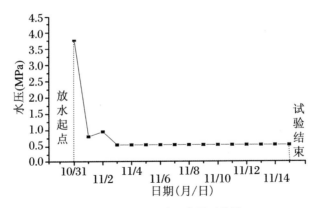

图 4-71　W_{10-2} 孔压力历时曲线

(2) 缓慢下降型

主要有 W_{6-1}、W_{8-1}、W_{10-3} 和 $W_{11-1补}$ 孔等,其特点为:放水前钻孔水压较小,21 小时后,水压也呈波动性缓慢下降并趋于稳定,如图 4-72~图 4-75 所示。

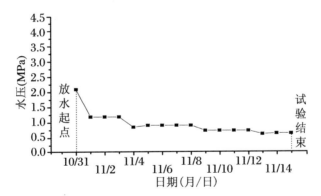

图 4-72　W_{6-1} 孔压力历时曲线

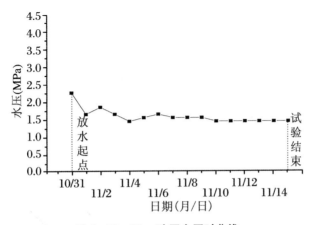

图 4-73　W_{8-1} 孔压力历时曲线

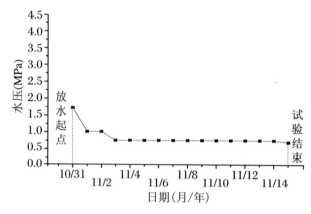

图 4-74　W_{10-3} 孔压力历时曲线

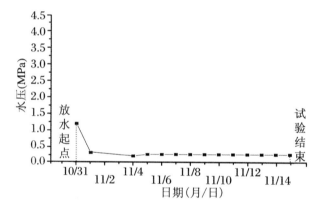

图 4-75　$W_{11-1补}$ 孔压力历时曲线

(3) 稳定型

有 W_{4-3}、W_{11-1}、W_{12-2} 和 W_{12-3} 孔,其特点为:放水前钻孔水压很小,放水过程中钻孔水压基本无变化,如图 4-76～图 4-79 所示。

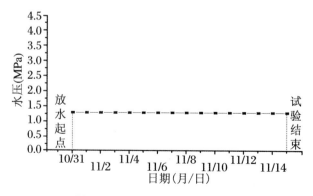

图 4-76　W_{4-3} 孔压力历时曲线

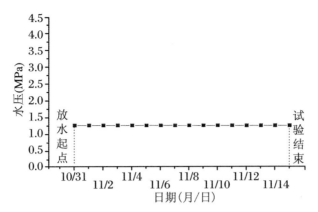

图4-77 W_{11-1}孔压力历时曲线

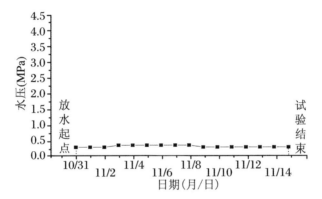

图4-78 W_{12-2}孔压力历时曲线

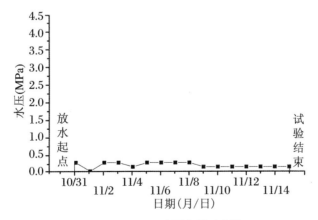

图4-79 W_{12-3}孔压力历时曲线

第三节 各含水层水位动态

一、试验前水位动态

放水试验前,地面各灰岩含水层观测孔水位变化呈非稳定下降,其变化幅度差异较大。但补水一线 C_{3-I}、$KZ_{14补}$、补水一线 C_{3-III} 孔略有回升。具体变化特征如下。

(一) C_I 组灰岩

C_I 组灰岩水位在 -23.298(十线 C_{3-I-1} 孔)~ -421.850 m($KZ_{14补}$ 孔)之间,变幅为 $0.047\sim0.87$ m/d,其特点为:

1. 东翼

补水一线 C_{3-I}、$KZ_{14补}$、八西线 C_{3-I}、$KZ_{10补}$ 等孔水位降深大,在 $-145.271\sim -421.85$ m 之间,形成以 $KZ_{14补}$、八西线 C_{3-I} 孔为中心的降落漏斗。东翼西段的补水一线 C_{3-I}、$KZ_{14补}$ 两孔略有回升。

2. 西翼

十西一线 C_{3-I-1}、十西一线 C_{3-I-2}、十线 C_{3-I-1}、十线 C_{3-I-2} 及潘三矿十线 C_3^{11} 等水位降幅小,为 $-23.298\sim -55.97$ m,水位呈下降趋势。其中十线 C_{3-I-1} 降幅最大,为 0.83 m/d,其他降幅在 $0.05\sim0.10$ m/d 之间。

在西翼观测孔中,位于 F_{70} 断层附近的十线 C_{3-I-2}、十西线 C_{3-I-1} 孔水位降幅相对较大,分别为 -52.14 m 和 -55.97 m;F_{70} 断层附近十线 C_{3-I-1}、十西线 C_{3-I-2} 孔水位降幅相对较小,分别为 -23.298 m 和 -32 m。由于受 F_{70} 断层的控制,水位变化并不遵循距放水孔越远,水位降幅越小的规律,十西线至放水孔远,C_{3-I} 组灰岩水位低于十线,形成异常的反向降落漏斗曲线。

(二) C_{II} 组灰岩

试验范围 C_{II} 组灰岩观测孔水位变化在 -14.68(十线 C_{3-II} 孔)~ -36.14 m(补水一线 C_{3-II})之间,水位缓慢下降,平均降幅在 $0.06\sim0.09$ m/d 之间。

(三) C_{III} 组灰岩

试验范围内 C_{III} 组灰岩观测只有补水一线 C_{3-III} 孔,其水位为 -36 m 左右,在这期间水位略有回升,平均升幅为 0.03 m/d。

（四）奥陶系灰岩

奥陶系灰岩观测孔有四个，分别为补水一线 O_{1+2}、九线 O_{1+2}、潘三矿十线 O_{2-1}、潘三矿十线 O_{2-2}，水位在 $-21.06 \sim -27.01$ m 之间，该阶段水位缓慢下降，平均降幅为 $0.03 \sim 0.08$ m/d。

奥灰水位自东（补水一线 O_{1+2} 孔）向西降低，距放水孔很远的潘三矿十线 O_{2-2} 孔（奥灰寒灰混合观测孔）水位为 -27.01 m，为奥灰最低水位孔。

（五）寒武系灰岩

试验范围寒武系灰岩观测孔仅有补水一线 ϵ_3，水位在 $-26.84 \sim -27.46$ m 之间，试验前，水位平均降幅为 0.09 m/d。补水一线 ϵ_3 孔水位为 -27.456 m，低于区内所有奥灰孔。

（六）新生界含水层

试验范围新生界含水层观测孔有三个，分别为 $KZ_{4补}$、$KZ_{5补}$、$KZ_{6补}$，其观测层位分别为下含、二含、下含，对应水位分别为 -11.01 m、14.56 m、-115.97 m，该 $KZ_{5补}$ 孔水位略有上升，另外两孔水位呈下降趋势，但变化范围小。

二、第一阶段水位动态

由于近一年来灰岩含水层一直为疏放状态，地下水位下降快，并形成以放水孔为中心的降落漏斗。恢复后，灰岩地下水开始回升，具有漏斗中心回升快、幅度大、外围回升较慢特点。

经过 13 天恢复后，补水一线至十西线的不同灰岩含水层（组）的观测孔水位均有回升，但幅度较小，且水位达不到初始水位和 $WS_1C_{3-2补}^{3下}$ 孔出水前的水位。因此，灰岩含水层地下水疏段为储存量。另外 DF_9 断层以东三个孔，未受西翼恢复影响，观测孔水位持续缓慢下降，叙述如下。

（一）C_I 组灰岩

1. DF_{9-1} 断层以东观测孔

八西线 C_{3-1}、$KZ_{14补}$ 孔未受西翼关孔恢复影响，水位处于持续下降状态，如图 4-80、图 4-81 所示，但降幅小，降幅为 $0.07 \sim 0.14$ m/d，小于背景值；$KZ_{14补}$ 孔水位降至 -422.74 m，仍为 C_I 组灰岩含水层最低水位孔，主要受 ES_1 放水影响。

位于 DF_{13} 断层以东的 $KZ_{10补}$ 孔亦未受井下西翼关孔恢复直接影响，水位继续下降，如图 4-82 所示，且水位降幅小，平均为 0.64 m/d，小于背景阶段的 0.87 m/d；水位标高降至 -153.65 m，主要受到了井下东翼 E_{13-2} 孔出水影响。

2. 补水一线观测孔

补水一线 $C_{3\text{-}I}$ 孔水位滞后回升,但恢复幅度较大,平均升幅为 1.20 m/d,如图 4-83 所示。

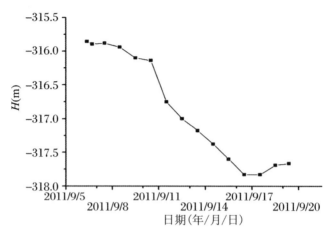

图 4-80　八西线 $C_{3\text{-}I}$ 孔水位历时曲线

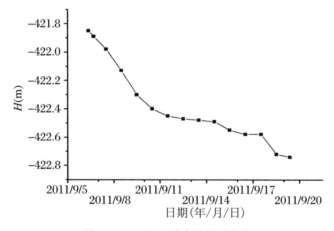

图 4-81　$KZ_{14补}$ 孔水位历时曲线

3. 西翼观测孔

西翼恢复 8 小时后,水位回升幅度快,十西 $C_{3\text{-}I\text{-}1}$ 孔和潘三矿十线 C_3^{11} 孔为最大;另外,十西线 $C_{3\text{-}I\text{-}2}$ 孔水位回升幅度和速度最小,十线 $C_{3\text{-}I\text{-}1}$ 孔水位未回升反出现持续缓慢下降现象,西翼各孔水位变化特点如下:

十西线 $C_{3\text{-}I\text{-}1}$ 孔:位于 F_{70} 断层上盘,距 WS_1 石门迎头达 1 592.21 m,水位回升最快,初始水位升幅较大,8 小时后水位回升了 0.21 m,平均升幅为 0.96 m/d。

十西线 $C_{3\text{-}I\text{-}2}$ 孔:位于 F_{70} 断层下盘,水位滞后 75 小时开始回升,恢复幅度为 0.98 m,平均升幅为 0.08 m/d。

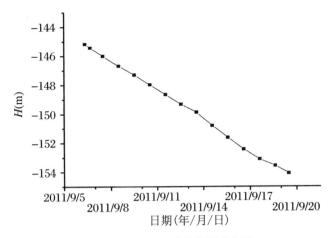

图 4-82　$KZ_{10补}$ 孔水位历时曲线

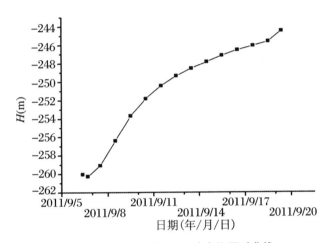

图 4-83　补水一线 C_{3-I} 孔水位历时曲线

潘三矿十线 C_3^{11} 孔：位于十西线、潘三背斜南翼，距 WS_1 石门迎头 1 751.06 m，水位回升快，但初始水位升幅较小，8 小时后水位回升了 0.07 m，平均升幅为 0.28 m/d，如图 4-84 所示。

十线 C_{3-I-2} 孔：位于 F_{70} 断层上盘，水位滞后 33 小时回升，恢复幅度为 9.03 m，平均升幅 0.69 m/d。尽管该孔距 WS_1 石门迎头为 1 100.65 m，比十西线 C_{3-I-1} 孔近 491.56 m，但恢复速度和幅度均小于十西线 C_{3-I-1} 孔。

十线 C_{3-I-1} 孔：位于 F_{70} 断层和 WF_1 断层下盘，水位持续缓慢下降，平均降幅为 0.26 m/d，如图 4-85 所示。

（二）C_{II} 组灰岩

当恢复时，补水一线 C_{3-II} 孔 1.5 小时后开始回升，初始水位升幅较大，水位回升了 10.28 m,如图 4-86 所示,平均升幅为 0.79 m/d;十线 C_{3-II} 孔水位未受井下西翼关水恢复影响回升,保持下降状态。

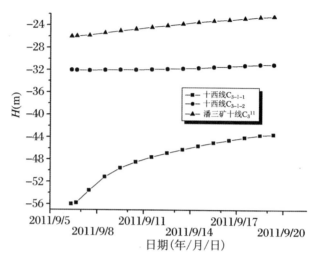

图 4-84　十西线 C_{3-I} 组观测孔水位历时曲线

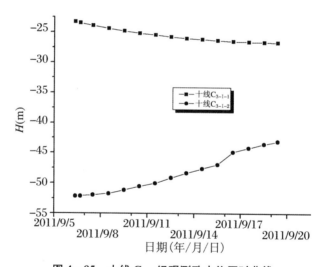

图 4-85　十线 C_{3-I} 组观测孔水位历时曲线

（三）C_{III} 组灰岩

当关孔恢复时,补水一线 C_{3-III} 孔,1 小时后开始回升,初始水位升幅较大,但该阶段水位回升了 9.96 m,如图 4-86 所示,平均升幅为 0.76 m/d,该孔水位变化趋势与补水一线 C_{3-II} 孔相近。

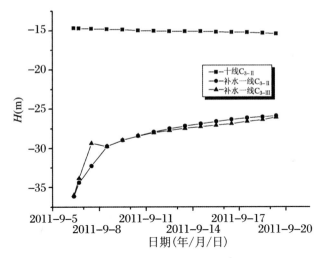

图 4-86 C_{3-II} 组和 C_{3-III} 组水位历时曲线

（四）奥陶系灰岩

潘三矿十线 O_{2-1}、潘三矿十线 O_{2-2} 孔：两孔水位回升速度较快，幅度为 3.66～3.68 m，平均为 0.28 m/d。尽管两孔相距 541.74 m，但下降、回升幅度基本一致。

九线 O_{1+2} 孔：水位滞后 4 小时后回升，回升了 2.94 m，平均升幅为 0.3 m/d。

补水一线 O_{1+2} 孔：滞后 3 小时后回升，该水位呈波状起伏变化，仅回升了 0.64 m，平均升幅为 0.05 m/d，奥灰各观测孔水位变化如图 4-87 所示。

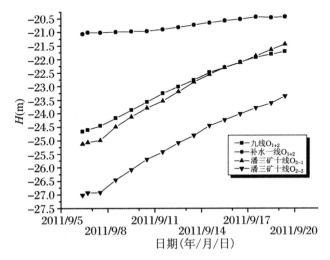

图 4-87 奥灰观测孔水位历时曲线

（五）寒武系灰岩

补水一线 ϵ_3 孔回复 3 小时后开始回升，水位回升了 3.70 m，平均升幅为 0.29 m/d，如图 4-88 所示，与潘三矿十线 O_{2-1}、十线 O_{2-2} 孔具有类似特征。恢复前水位为 -27.456 m，恢复后水位为 -23.716 m，低于所有奥灰水位。

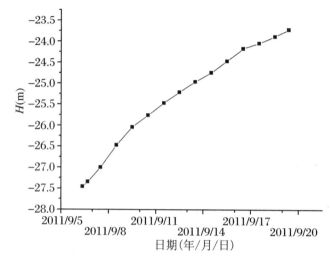

图 4-88　补水一线 ϵ_3 孔水位历时曲线

（六）新生界含水层

新生界含水层其水位与井下灰岩关水恢复无对应变化，见图 4-89。

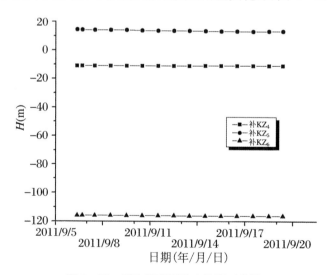

图 4-89　新生界观测孔水位历时曲线

三、第二阶段水位动态

在西翼 WS_3 石门三个孔放水进行放水和关闭恢复过程中,从补水一线至十西线,地面不同灰岩含水层的观测孔水位作出不同的响应。其中在放水期间,各观测孔均有不同程度的下降;在水位恢复期间,除了东部及西部两个观测孔(十西线 C_{3-II}、十线 C_{3-I-1})外,其他均有不同程度的上升。

(一)C_I 组灰岩观测孔

1. 补水一线观测孔

在放水阶段,补水一线 C_{3-I} 孔水位下降存在一定的滞后性,但后期下降幅度大,平均为 1.45 m/d;在恢复阶段,其水位迅速上升,平均升幅为 2.24 m/d,10 月 6 日水位为 -243.235 m,略高于放水前的水位,如图 4-90 所示。

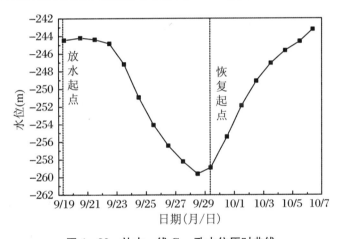

图 4-90 补水一线 C_{3-I} 孔水位历时曲线

2. DF_{9-1} 断层以东观测孔

八西线 C_{3-I} 孔:未受西翼放水影响,整个阶段,水位缓慢下降,放水和恢复阶段其平均降幅分别为 0.11 m/d 和 0.14 m/d,见图 4-91。

$KZ_{14补}$ 孔:当西翼放水时水位下降,西翼恢复时水位上升。但存在明显的滞后性,在放水阶段其平均降幅为 0.043 m/d,在恢复阶段其平均升幅小于降幅,见图 4-92。

$KZ_{10补}$ 孔:位于 DF_{13} 断层以东,水位变化为阶梯状持续下降,在放水与恢复阶段,平均降幅分别为 0.362 m/d、0.89 m/d,该孔水位变化受 E_{13} 钻场出水影响,不受西翼放水及恢复影响,见图 4-93。

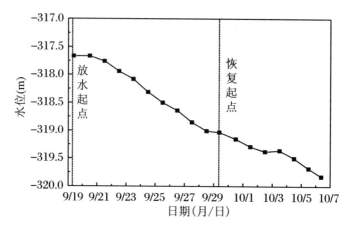

图4-91 八西线 C_{3-I} 孔水位随时间历时曲线

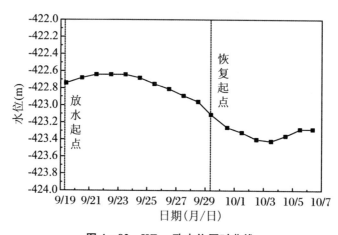

图4-92 $KZ_{14补}$ 孔水位历时曲线

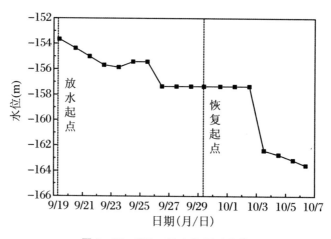

图4-93 $KZ_{10补}$ 孔水位历时曲线

3. 西翼观测孔

十西线 C_{3-I-1} 孔、十线 C_{3-I-2} 孔、潘三矿十线 C_3^{11} 孔三孔受西翼放水及恢复影响显著,表现为西翼放水时水位下降明显、西翼恢复时水位迅速上升。在放水阶段,三孔平均降幅分别为 1.00 m/d、0.593 m/d 和 0.197 m/d,经过恢复阶段,其水位大致恢复到放水前水位,见图4-94~图4-96。

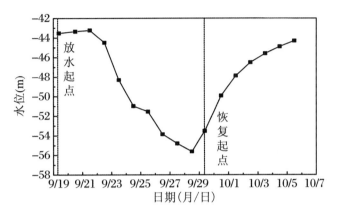

图4-94 十西线 C_{3-I-1} 孔水位历时曲线

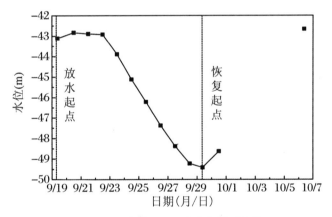

图4-95 十线 C_{3-I-2} 孔水位历时曲线

十西线 C_{3-I-2} 孔:放水阶段,其水位回升存在较长时间的滞后性,且降幅小于升幅;恢复阶段,水位缓慢上升,平均为 0.038 m/d,见图4-97。

十线 C_{3-I-1} 孔:整个阶段水位缓慢下降,放水及恢复阶段平均分别为0.043 m/d、0.040 m/d,见图4-98。

(二)C_{II} 组灰岩观测孔

补水一线 C_{3-II} 孔:受西翼钻孔放水及恢复影响,水位相应迅速降低和上升,其平均降幅和升幅分别为 0.873 m/d、1.22 m/d。水位大致恢复到放水前水位,见图4-99。

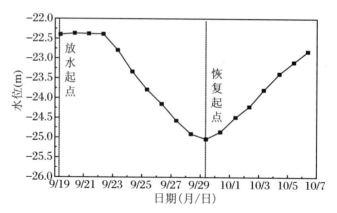

图 4-96　潘三矿十线 C_3^{II} 孔水位历时曲线

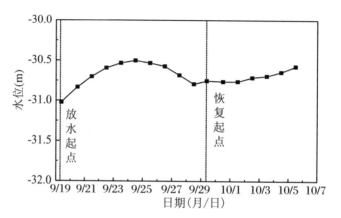

图 4-97　十西线 C_{3-I-2} 孔水位历时曲线

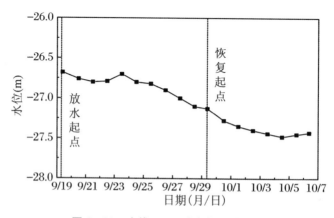

图 4-98　十线 C_{3-I-1} 孔水位历时曲线

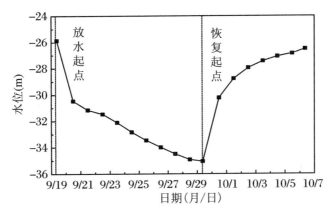

图 4-99　补水一线 $C_{3\text{-}II}$ 孔水位历时曲线

十线 $C_{3\text{-}II}$ 孔：整个阶段，水位缓慢下降，放水及恢复阶段平均分别为 0.04 m/d、0.06 m/d，见图 4-100。

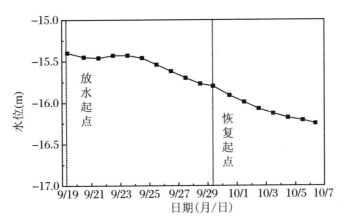

图 4-100　十线 $C_{3\text{-}II}$ 孔水位历时曲线

（三）C_{III} 组灰岩观测孔

该阶段水位变化趋势及幅度与补水一线 $C_{3\text{-}II}$ 孔极为类似，反映了在补水一线地段，$C_{3\text{-}II}$ 与 $C_{3\text{-}III}$ 保持较好的水力联系，如图 4-101 所示。

（四）奥陶系灰岩观测孔

潘三矿十线 $O_{2\text{-}1}$、潘三矿十线 $O_{2\text{-}2}$ 及九线 O_{1+2} 三孔，均表现为西翼放水时水位下降、恢复时水位上升特征。在放水阶段，三孔平均降幅分别为 0.362 m/d、0.294 m/d、0.236 m/d；在恢复阶段，平均升幅为 0.44 m/d、0.34 m/d、0.25 m/d；恢复阶段后水位大致恢复到放水前水位。

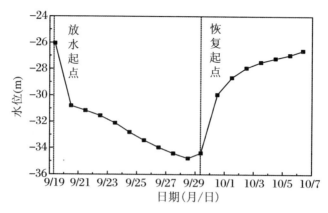

图 4-101　补水一线 $C_{3\text{-}\mathrm{III}}$ 孔水位历时曲线

补水一线 O_{1+2} 孔：该孔水位下降及回升滞后时间较长，变化幅度较小，放水及恢复阶段平均降幅及升幅分别为 0.059 m/d、0.04 m/d，各观测孔水位变化如图 4-102～图 4-105 所示。

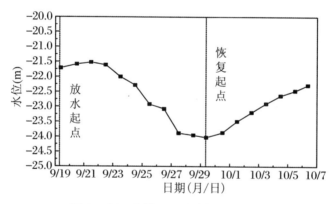

图 4-102　九线 O_{1+2} 孔水位历时曲线

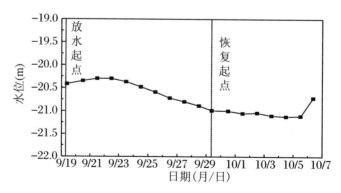

图 4-103　补水一线 O_{1+2} 孔水位历时曲线

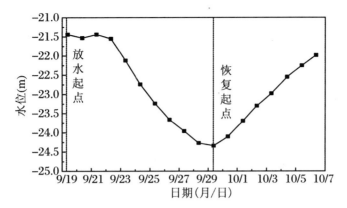

图 4-104　潘三矿十线 O_{2-1} 孔水位历时曲线

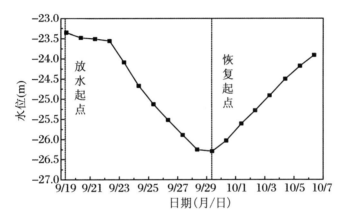

图 4-105　潘三矿十线 O_{2-2} 孔水位历时曲线

(五) 寒武系灰岩观测孔

在放水阶段，补水一线 ϵ_3 孔水位滞后下降，平均降幅为 0.317 m/d。在恢复阶段，水位平均升幅为 0.36 m/d，如图 4-106 所示。与补水一线 O_{1+2} 孔变化趋势及幅度相差甚远，寒灰孔水位低于所有奥灰孔。

(六) 新生界含水层

新生界含水层观测水位无对应变化，补 KZ_6 历时曲线如图 4-107 所示。

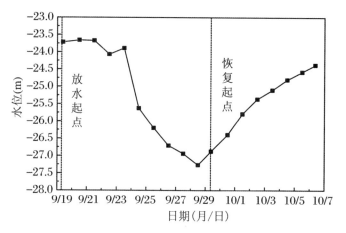

图 4-106 补水一线 C_3 水位历时曲线

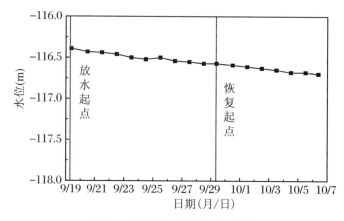

图 4-107 $KZ_{6补}$ 孔水位历时曲线

四、第三阶段水位动态

(一) C_I 组灰岩观测孔

1. DF_{9-1} 断层以东观测孔

位于井田东边界附近的 $KZ_{10补}$ 孔未受到西翼放水及恢复影响,水位持续下降,主要受到 E_{13} 钻场出水影响,见图 4-108。

八西线 C_{3-1} 孔水位总体上为持续下降,并略有起伏,受西翼放水及恢复影响不显著,受到 ES_2 钻场中 $ES_2C_{1-4}^{3上}$ 孔出水影响,见图 4-109。

$KZ_{14补}$ 孔:水位在 -423.21 m 至 -423.36 m 之间变化,总体上具有放水时下降、恢复时回升的对应变化关系如图 4-110 所示,受西翼放水及恢复影响程度低,且存在一定的滞后性。

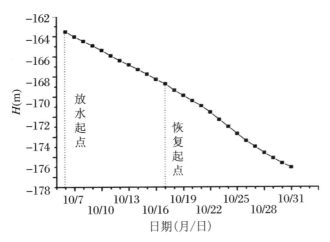

图 4-108　$KZ_{10补}$ 孔水位历时曲线

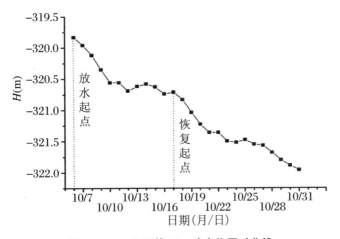

图 4-109　八西线 C_{3-I} 孔水位历时曲线

2. DF_{9-1} 以西观测孔

位于 F_{70} 和 WF_1 断层下盘的十线 C_{3-I-1} 孔和位于 F_{70} 断层下盘的十西线 C_{3-I-2} 孔水位变化存在显著滞后性。两孔分别从 10 月 22 日和 20 日起回升幅度增大，但相比 F_{70} 断层另一盘的两个钻孔，其升幅较小，仅为 0.05~0.07 m/d。恢复阶段后，其水位分别比放水前升高了 0.8 m、1.2 m，如图 4-111、图 4-112 所示。

补水一线 C_{3-I}、十线 C_{3-I-2}、十西线 C_{3-I-1}、潘三矿十线 C_3^{11} 四孔等水位与西翼放水、恢复阶段有较好的响应关系。水位变化速度最快的为十西线 C_{3-I-1} 孔，潘三矿十线 C_3^{11} 孔次之，补水一线 C_{3-I}、十线 C_{3-I-2} 孔最慢。恢复阶段后，各孔水位分别比放水前分别升高 2.14 m、5.08 m、5.15 m、1.49 m，如图 4-113~图 4-116 所示。

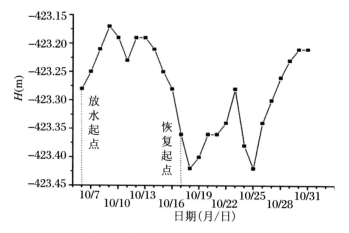

图 4-110　$KZ_{14补}$ 孔水位历时曲线

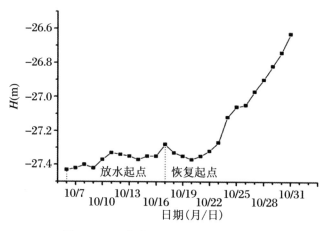

图 4-111　十线 C_{3-I-1} 孔水位历时曲线

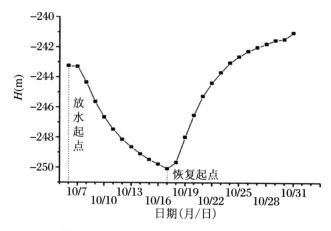

图 4-112　补水一线 C_{3-I} 孔水位历时曲线

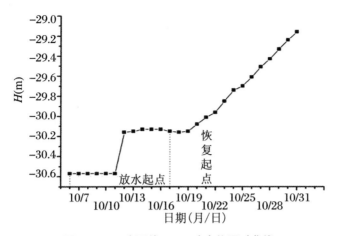

图4-113 十西线 C_{3-I-2} 孔水位历时曲线

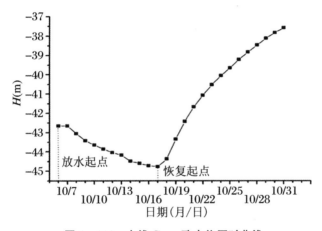

图4-114 十线 C_{3-I-2} 孔水位历时曲线

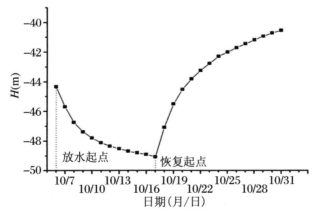

图4-115 十西线 C_{3-I-1} 孔水位历时曲线

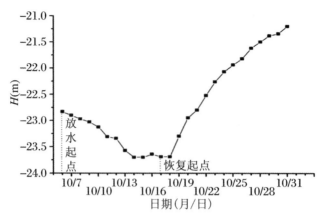

图 4-116　潘三矿十线 $C_3^{1'}$ 孔水位历时曲线

(二) C_{II} 组灰岩观测孔

补水一线 C_{3-II} 孔：受西翼放水及恢复影响，响应程度好，平均降幅和升幅分别为 0.873 m/d、1.22 m/d。恢复后，其水位比放水前升高 1.59 m，如图 4-117 所示。

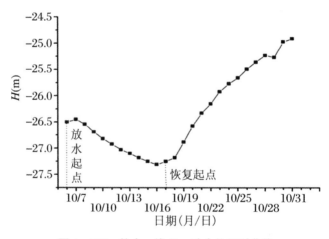

图 4-117　补水一线 C_{3-II} 孔水位历时曲线

十线 C_{3-II} 孔：整个阶段水位缓慢下降，平均降幅分别为 0.05 m/d，如图 4-118 所示。

(三) C_{III} 组灰岩观测孔

在放水阶段及恢复阶段，补水一线 C_{3-III} 孔水位变化趋势及幅度与补水一线 C_{3-II} 孔类似，恢复阶段后，其水位比放水前升高 1.56 m，见图 4-119。

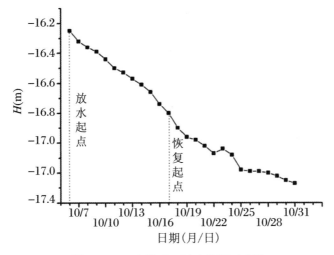

图 4-118 十线 C_{3-II} 孔水位历时曲线

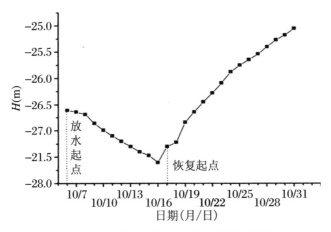

图 4-119 补水一线 C_{3-III} 孔水位历时曲线

(四) 奥陶系灰岩观测孔

潘三矿十线 O_{2-1}、潘三矿十线 O_{2-2}、九线 O_{1+2} 及补水一线 O_{1+2} 四孔,表现为西翼放水时水位下降、西翼恢复时水位上升的特点,但补水一线 O_{1+2} 孔存在滞后性;恢复阶段后,各孔水位分别比放水前升高 1.44 m、1.41 m、1.25 m、0.37 m,奥灰观测孔水位变化如图 4-120~图 4-123 所示。

(五) 寒武系灰岩观测孔

补水一线 ϵ_3 孔受西翼放水及恢复影响,具有较好的响应性。恢复阶段后,其水位比放水前升高 0.66 m,补水一线 ϵ_3 孔水位低于试验范围所有奥灰孔,如图 4-124 所示。

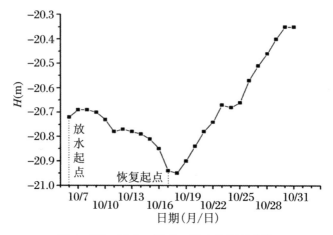

图 4-120　补水一线 O_{1+2} 孔水位历时曲线

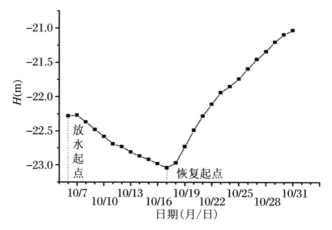

图 4-121　九线 O_{1+2} 孔水位历时曲线

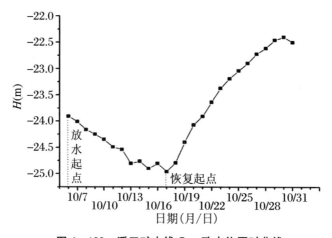

图 4-122　潘三矿十线 O_{2-2} 孔水位历时曲线

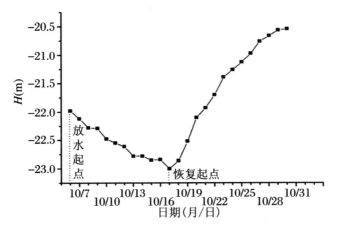

图 4-123　潘三矿十线 O_{2-1} 孔水位历时曲线

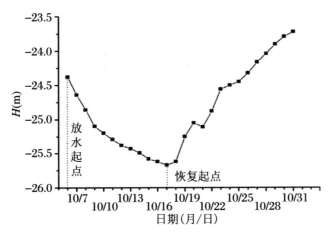

图 4-124　补水一线 ε_3 孔水位历时曲线

（六）新生界含水层观测孔

在该阶段,新生界含水层观测孔水位变化,如图 4-125～图 4-127 所示。

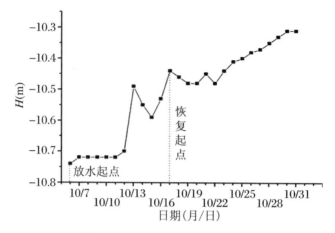

图 4-125 KZ$_{4补}$ 孔水位历时曲线

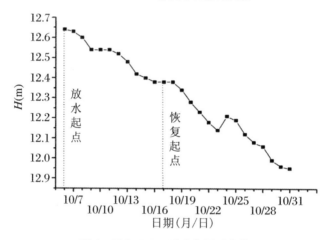

图 4-126 KZ$_{5补}$ 孔水位历时曲线

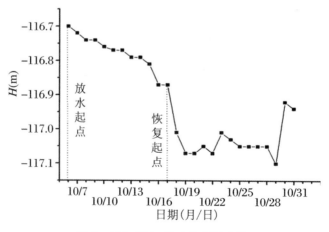

图 4-127 KZ$_{6补}$ 孔水位历时曲线

五、第四阶段水位动态

(一) C_I 组灰岩观测孔

1. DF_{9-1} 断层以东观测孔

DF_{9-1} 断层以东三个观测孔,在西翼总放水阶段,其水位持续下降,由前三阶段观测资料表明:DF_{9-1} 断层以东观测孔水位变化,基本不受西翼放水及恢复影响。因此,该阶段三个观测孔水位变化,进一步反映了与西翼的水力联系,各孔水位历时变化如图 4-128~图 4-130 所示。

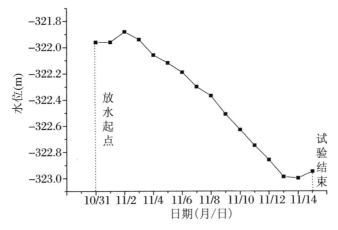

图 4-128 八西线 C_{3-I} 孔水位历时曲线

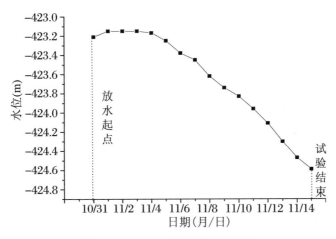

图 4-129 $KZ_{14补}$ 孔水位历时曲线

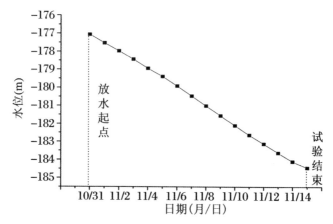

图 4-130　$KZ_{10补}$ 孔水位历时曲线

2. DF_{9-1} 断层以西观测孔

DF_{9-1} 断层以西观测孔,在西翼放水总恢复阶段,其水位均对应下降,总体上分为两类。

(1) 位于 F_{70} 断层下盘的十线 $C_{3\text{-}I\text{-}1}$ 孔、十西线 $C_{3\text{-}I\text{-}2}$ 孔,受到 F_{70} 断层控水作用,水位下降有明显的滞后性,且水位下降幅度较小,在 0.05~0.09 m/d 之间,如图 4-131、图 4-132 所示。

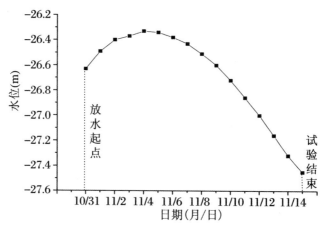

图 4-131　十线 $C_{3\text{-}I\text{-}1}$ 孔水位历时曲线

(2) 位于 F_{70} 断层下盘的十线 $C_{3\text{-}I\text{-}2}$ 孔、十西线 $C_{3\text{-}II\text{-}1}$ 孔两孔及补水一线 $C_{3\text{-}I}$ 孔、潘三矿十线 C_3^{11} 孔,在西翼总放水过程中,水位下降几乎没有滞后,且下降幅度较大,在 0.31~1.71 m/d 之间,其中,补水一线 $C_{3\text{-}I}$ 孔平均降幅最大,潘三矿十线 C_3^{11} 孔最小,如图 4-133~图 4-136 所示。

十线、十西线四个观测孔水位变化表明:十西线观测孔比十线观测孔水位响应更灵敏,下降速度更快。

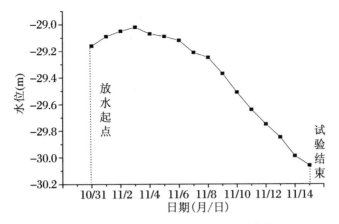

图 4-132 十西线 C_{3-I-2} 孔水位历时曲线

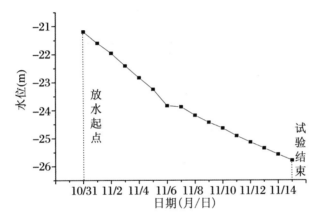

图 4-133 潘三矿十线 $C_3^{1'}$ 孔水位历时曲线

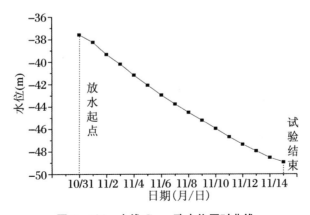

图 4-134 十线 C_{3-I-2} 孔水位历时曲线

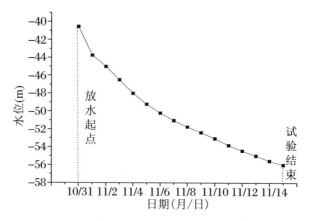

图 4-135 十西线 C_{3-I-1} 孔水位历时曲线

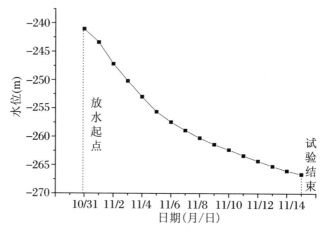

图 4-136 补水一线 C_{3-I} 孔水位历时曲线

(二) C_{II} 组灰岩观测孔

补水一线 C_{3-II} 孔对西翼放水响应非常快,放水 45 分钟后水位开始下降,且其降幅较大,平均降幅为 0.76 m/d,见图 4-137。

十线 C_{3-II} 孔在西翼总放水阶段,水位缓慢下降,平均降幅为 0.067 m/d。由十线 C_{3-II} 孔前三阶段观测资料可知,在整个放水试验期间,该孔水位呈持续缓慢下降趋势,因此,该孔受西翼钻孔放水影响不明显,见图 4-138。

(三) C_{III} 组灰岩观测孔

补水一线 C_{3-III} 孔与补水一线 C_{3-II} 孔水位变化趋同,见图 4-139。

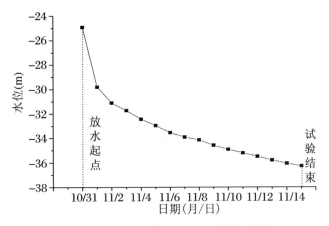

图 4-137 补水一线 C_{3-II} 孔水位历时曲线

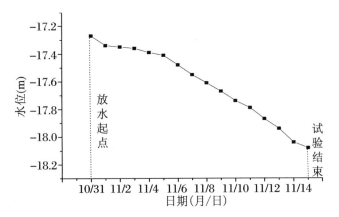

图 4-138 十线 C_{3-II} 孔水位历时曲线

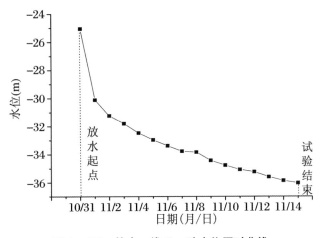

图 4-139 补水一线 C_{3-III} 孔水位历时曲线

(四)奥陶系灰岩观测孔

(1)补水一线 O_{1+2} 累计水位下降了 1.31 m,平均降幅为 0.09 m/d。由放水试验四阶段观测资料知,该孔受西翼放水及恢复影响小。

(2)九线 O_{1+2} 孔、潘三矿十线 O_{2-2} 孔、潘三矿十线 O_{2-1} 孔受西翼总放水影响,其水位降幅相近,分别为 0.26 m/d、0.31 m/d、0.312 m/d,三孔水位及水位降幅均相近。

奥灰观测孔水位变化见图 4-140~图 4-142。

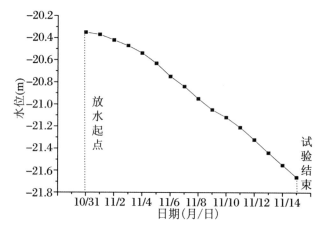

图 4-140 补水一线 O_{1+2} 孔水位历时曲线

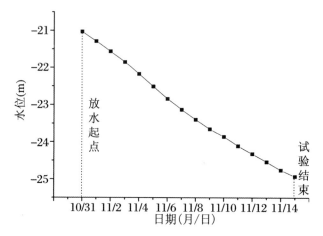

图 4-141 九线 O_{1+2} 孔水位历时曲线

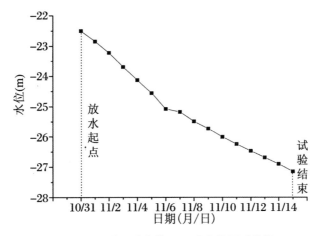

图 4-142　潘三矿十线 O_{2-2} 孔水位历时曲线

（五）寒武系灰岩观测孔

补水一线 ϵ_3 孔水位变化受西翼钻孔放水影响，平均降幅为 1.29 m/d，如图 4-143 所示，寒灰孔水位低于所有奥灰孔。

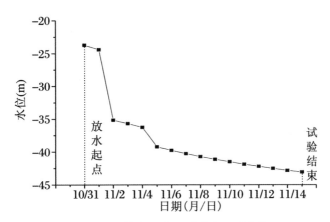

图 4-143　补水一线 ϵ_3 孔水位历时曲线

（六）新生界含水层观测孔

新生界松散含水层地面观测孔，水位变化如图 4-144～图 4-146 所示。

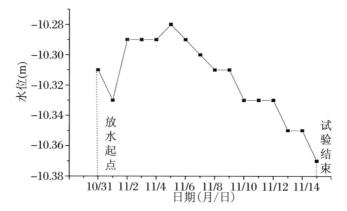

图 4-144　$KZ_{4补}$ 孔水位历时曲线

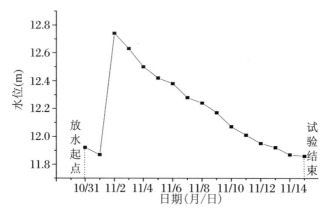

图 4-145　$KZ_{5补}$ 孔水位历时曲线

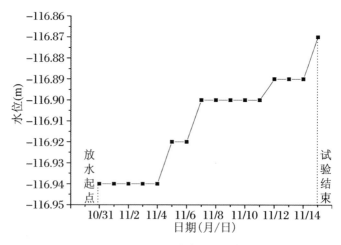

图 4-146　$KZ_{6补}$ 孔水位历时曲线

第五章　水文地球化学与温度变化特征

第一节　水文地球化学特征

潘北煤矿从2010年4月-490 m巷道实施疏放水工程以来,东、西翼钻孔疏放水量差异较大。西翼钻孔放水量大于东翼,均引起不同块段内的C_I组灰岩、C_{II}组灰岩、C_{III}组灰岩奥陶系以及寒武系灰岩含水层观测孔水位不同幅度的变化。与此同时,出水点水的化学成分、水温也在不断发生改变。它反映了地下水在流动过程中,与周围含水层介质及深度发生作用与联系程度。本次采集-490 m水平各放水孔的水样。

一、常规组分

（一）含水层水化学组分特征

将潘北矿放水试验所测水的化学组分数据,与周边矿井进行对比,如表5-1所示,具有如下特征：

（1）潘北矿放水试验前和第四阶段太原组灰岩水质变化不大,与潘北矿2006年4月份数据相比,范围较大。

（2）潘一矿太原组灰岩水中的SO_4^{2-}含量低,Ca^{2+}和Mg^{2+}含量低,硬度较小。

（3）相对潘一矿而言,潘二矿太原组灰岩水中的HCO_3^-相对较高,且潘二矿太原组灰岩水均检出CO_3^{2-}。

（4）张集组、顾桥组及谢桥组水样中总溶解固体变化较大。

（二）试验前背景值

试验前实测数据见表5-2,所采水样均来自于石炭系C_I组灰岩,其统计分析结果见表5-3。

表 5-1 淮南煤田潘谢矿区太原组灰岩水化学组分对比

组分	潘北矿放水试验背景值 太原组 C_{3-I}（2011年9月5日）	潘北矿放水试验第四阶段 太原组 C_{3-I}（10月31日至11月15日）	潘北矿 太原组 1~2层（2006年4月）	潘一矿	潘二矿	潘三矿	张集、顾桥及谢桥
$K^+ + Na^+$	831.33~1 165.62	949.13~1 521.62	661.99~844.15	927.93~980.25	987.41~1 033.94	1 167.27	103.02~943.14
Ca^{2+}	20.82~132.93	0.88~113.71	35.35~62.63	9.21~12.89	7.45~16.35	65.41	1.55~436.47
Mg^{2+}	1.53~85.08	12.65~106.01	32.78~45.94	2.61~5.48	6.94~9.06	33.49	0.00~55.91
CO_3^-	0.00~297.70	0.00~168.10	0.00~7.80	0.00	32.65~105.31	9.11	0.00~110.51
HCO_3^-	9.76~663.90	3.91~912.86	307.35~338.59	639.714 9~663.78	806.06~843.04	277.89	0.00~554.90
Cl^-	962.55~1 212.49	1 035.23~1 272.76	883.16~1 006.80	792.88~1 024.54	976.41~1 007.05	1 459.3	27.7~1 039.88
SO_4^{2-}	134.48~737.74	292.00~1 462.00	120.60~439.59	1.00~74.71	52.26~90.96	518.75	11.32~832.67
TDS	1 852.22~3 136.72	2 435.27~4 381.09	1 950.1~2 704.68	2 530~2 650	2 583.00~2 632.00	2 235.00	413.00~3 033.00

注：钾和钠、钙、镁、碳酸盐、重碳酸盐、氯离子、硫酸盐、溶解固体的单位是 mg/L。

表 5-2 放水试验 C_I 组灰岩含水层水质背景

放水钻孔编号	钠+钾	钙	镁	碳酸盐	重碳酸盐	氯离子	硫酸盐	溶解固形物	总硬度	pH
EG_2	1 165.62	132.93	2.51	297.7	112.28	1 152.22	441.88	3 136.72	6.84	7.63
E_{1-1}	1 001.84	91.29	33.11	33.61	371	1 168.18	345.82	2 488.35	7.28	7.75
E_{1-3}	951.82	127.33	2.99	0	341.71	1 047.64	457.25	2 416.17	6.6	7.81
$E_{1桨}$	1 006.34	108.11	24.37	28.81	336.83	1 178.81	380.4	2 558.42	7.4	7.57
E_{2-3}	1 100.58	81.68	33.1	0	351.48	1 052.95	737.74	2 830.31	6.8	7.5
E_{3-1}	879.87	20.82	85.08	96.03	205.03	962.55	457.25	2 399.08	8.04	7.93
E_{3-2}	1 063.34	76.08	42.82	0	390.53	1 029.91	691.63	2 708.51	7.32	7.6
E_{8-4}	962.83	38.44	25.3	0	663.9	1 019.27	138.33	1 852.22	4	7.34
E_9	1 037.57	23.22	16.54	14.4	375.88	1 081.32	353.5	2 324.21	2.52	8.19
E_{10-3}	1 125.32	25.63	12.65	0	546.74	1 008.64	453.4	2 366.67	2.32	7.76
$WS_1C_{3-1}^{3上}$	1 040.07	108.11	12.7	0	361.24	1 056.5	591.73	2 628.49	6.44	7.77
$WS_1C_{3-2}^{3上}$	1 069.09	86.49	24.36	0	356.36	1 212.49	434.19	2 684.44	6.32	7.86
$WS_1C_{3-1}^{3F}$	975.83	87.29	22.41	0	351.48	1 076	438.03	2 423.82	6.2	7.67
$WS_1C_{3-2}^{3F}$	987.58	123.32	7.36	24	390.53	1 123.86	353.5	2 424.35	6.76	7.8
$WS_1C_{3-2补}^{3F}$	967.59	87.29	33.11	0	380.77	1 138.04	357.34	2 392.98	7.08	8.12
$WS_1C_{3-4}^{3F}$	995.33	85.69	22.41	0	351.48	1 100.82	438.03	2 466.54	6.12	7.78
W_{4-2}	980.33	131.33	2.99	33.61	356.36	1 100.82	384.24	2 455.14	6.8	7.44
W_{5-1}	905.33	84.08	25.81	0	385.65	1 022.82	353.5	2 198.71	6.32	8.19
W_{6-2}	932.08	86.49	21.44	0	380.77	1 063.6	341.97	2 255.19	6.08	7.9
W_{6-3}	981.58	84.89	24.35	0	390.53	1 088.41	403.45	2 387.41	6.24	7.83

续表

放水钻孔编号	钠+钾	钙	镁	碳酸盐	重碳酸盐	氯离子	硫酸盐	溶解固形物	总硬度	pH
W_{7-1}	893.57	125.73	1.53	9.6	336.83	1 045.86	326.6	2 234.47	6.4	8.03
W_{8-1}	1 020.07	92.89	9.29	19.21	410.05	1 070.68	414.98	2 422.09	5.4	7.9
W_{9-2}	831.33	81.68	26.3	0	380.77	1 079.54	134.48	1 962.94	6.24	7.54
W_{10}	987.1	112.11	8.82	168.06	9.76	1 184.13	318.92	2 774.26	6.32	8.33
W_{11-1}	973.33	131.33	4.94	96.03	229.44	1 079.54	407.29	2 577.74	6.96	7.98
W_{12-1}	944.59	73.67	39.9	9.6	444.23	1 052.95	357.34	2 255.93	6.96	8.27
W_{H-5}	991.83	98.5	15.61	52.82	307.54	1 090.18	399.61	2 494.78	6.2	7.6

注：钾和钠、钙、镁、碳酸盐、重碳酸盐、氯离子、硫酸盐、溶解固体的单位是 mg/L，总硬度的单位是 meq/L，pH 无量纲。

经分析可知:

(1) C_I 层位水样水质类型均为 $Na^+ — Cl^-$ 型。

(2) 总溶解固体变化范围为 1 852.22~3 136.72 mg/L。其中,W_{9-2} 的总溶解固体较低,为 1 962.94 mg/L,$K^+ + Na^+$ 和 SO_4^{2-} 含量较低。

(3) 总硬度为 2.32~8.04 meq/L,其中 E_9、E_{10-3} 硬度较低,分别为 2.52 meq/L 和 2.32 meq/L,但其 $K^+ + Na^+$ 含量较高。

(4) pH 范围为 7.34~8.33,平均为 7.6。

表 5-3 放水试验前 C_I 常规离子特征统计

项目	均值	中值	众数	标准差	方差	极差	最小值	最大值
$K^+ + Na^+$	990.93	984.34	831.33(a)	72.49	5 255.37	334.29	831.33	1 165.62
Ca^{2+}	89.15	87.29	81.68(a)	31.63	1 000.44	112.11	20.82	132.93
Mg^{2+}	21.67	22.41	2.99(a)	16.97	288	83.55	1.53	85.08
CO_3^{2-}	31.55	0	0	65.16	4 246.39	297.7	0	297.7
HCO_3^-	353.92	366.12	390.53	117.28	13 753.54	654.14	9.76	663.9
Cl^-	1 084.55	1 079.54	1 079.54	57.69	3 328.25	249.94	962.55	1 212.49
SO_4^{2-}	404.55	401.53	353.5	124.58	15 519.59	603.26	134.48	737.74
TDS	2 446.72	2 422.96	1 852.22(a)	252.83	63 924.72	1 284.5	1 852.22	3 136.72
总硬	6.23	6.42	6.32	1.29	1.67	5.72	2.32	8.04
pH	7.82	7.81	7.60(a)	0.25	0.06	0.99	7.34	8.33

注:钾和钠、钙、镁、碳酸盐、重碳酸盐、氯离子、硫酸盐、溶解固体的单位是 mg/L,pH 无量纲。

(三) 第四阶段——总放水阶段

在西翼总放水阶段,所采水样均来自于石炭系 C_I 组灰岩的 $C_I^{3下}$ 层及 $C_I^{3上}$ 层水,水样实测数据如表 5-4 所示,统计分析结果如表 5-5 所示。

分析表明:

(1) 水质类型以 $Na^+ — SO_4^{2-} + Cl^-$ 型为主。

(2) 总溶解固体为 2 435.27~4 381.09 mg/L,$WSC_I^{3下}_2$ 的总溶解固体最大值为 4 381.09 mg/L,推测可能来自于深部,为混合水。

(3) 总硬度为 1.84~13.16 meq/L,ES_3 石门的总硬度为 1.84 meq/L,而 E_{1-1} 孔、$WS_1C_I^{3下}_{-2}$ 孔的硬度,分别为 12.72 meq/L 和 13.16 meq/L。

(4) pH 为 7.25~8.92,且 $C_I^{3上}$ 含水层为 8.02~8.92,比 $C_I^{3下}$ 含水层高。

表 5-4 第四阶段不同点测试数据

放水钻孔编号	钠+钾	钙	镁	碳酸盐	重碳酸盐	氯离子	硫酸盐	总溶解固体	总硬度	pH
ES_1	1 061.85~1 154.09	72.87~85.69	31.65~67.61	0~52.82	400.29~546.74	1 068.91~1 143.36	495.7~680.1	3 129.82~3 227.82	6.88~9.2	7.64~7.9
E_{1-1}	949.13~1 184.35	80.08~104.1	28.74~106.01	43.21~115.2	165.97~419.82	1 035.23~1 168.2	649.4~722.4	3 066.95~3 381.64	7.44~12.72	7.72~8.14
E_{1-3}	1 121.36~1 198.85	37.64~91.29	29.22~62.73	0~115.2	102.51~366.36	1 086.63~1 164.6	572.5~885.67	3 225.3~3 533.96	6.96~8.36	7.79~8.12
E_{2-3}	1 088.09~1 204.08	80.08~113.71	16.11~49.14	0~67.22	341.71~483.28	1 042.32~1 189.45	591.7~776.2	3 155.15~3 463.06	7~8.36	7.25~7.93
E_{3-1}	1 199.6~1 230.87	0.88~96.9	24.36~91.34	0~67.22	244.08~380.77	1 141.59~1 251.49	626.3~787.7	3 383.1~3 513.87	6.6~7.56	7.67~8.64
$WS_1C_{I-1}^{3\pm}$	1 115.59~1 214.86	86.49~103.3	15.61~34.09	0~168.1	141.57~410.05	1 061.82~1 159.31	603.3~764.6	3 191.91~3 506.54	5.6~7.8	7.87~8.92
$WS_1C_{I-1}^{3\overline{F}}$	977.33~1 521.62	82.16~100.1	19.98~43.8	9.6~129.6	24.41~400.29	1 067.14~1 207.18	580.2~1 462	2 892.66~4 381.09	6.2~7.84	7.99~8.64
$WSIC_{I-2}^{3\pm}$	961.62~1 070.58	90.49~91.29	26.79~105.05	0	375.88~400.29	1 067.14~1 074.23	630.2~718.5	3 080.98~3 142.94	6.76~13.16	7.85~7.91
$WS_1C_{I-2}^{3\overline{F}}$	1 084.1~1 222.11	86.49~101.7	22.91~33.6	0~158.5	48.82~424.7	1 134.5~1 184.1	595.6~764.6	2 435.27~3 477.69	6.48~7.84	7.54~8.39
$WS_1C_{I-2}^{3\overline{F}补}$	1 087.34	88.09	25.81	14.4	214.79	1 143.4	660.9	3 127.34	6.52	7.66
$WSIC_{I-4}^{3\overline{F}}$	1 136.6	84.08	23.35	91.23	214.79	1 201.86	537.9	3 182.42	6.2	7.7

续表

放水钻孔编号	钠+钾	钙	镁	碳酸盐	重碳酸盐	氯离子	硫酸盐	总溶解固体	总硬度	pH
W_{4-1}	1141.55~1154.1	88.09~90.49	27.76~36.51	0~48.02	312.42~371	1138.04~1184.1	645.5~687.8	3271.14~3312.83	6.8~7.4	7.96~8.22
W_{5-2}	951.44~1182.84	83.28~88.09	23.87~44.77	0~67.22	3.91~414.94	1130.95~1177.04	607.1~699.36	2815.71~3335.44	6.32~7.96	7.48~7.91
W_{6-2}	1103.36~1168.6	0.88~91.29	26.3~85.99	0~100.83	239.2~371	1122.09~1272.76	534.1~653.21	3137.12~3288.17	6.72~7.12	7.58~8.02
W_{7-1}	1085.08~1196.59	68.87~90.49	23.87~42.33	0~76.83	292.9~405.17	1052.95~1194.77	634~768.5	3103.84~3424.16	6.48~7.2	7.45~8.73
W_{9-2}	1061.85~1154.09	72.87~85.69	31.65~67.61	9.6~52.82	429.58~546.74	1068.91~1134.5	495.7~680.1	3175.73~3227.82	6.88~9.2	7.72~7.9

注：钾和钠、钙、镁、碳酸盐、重碳酸盐、氯离子、硫酸盐、溶解固体的单位是 mg/L，总硬度的单位是 meq/L，pH 无量纲。

表 5-5 第四阶段 C_I 层各组分特征统计

项目	均值	中值	众数	标准差	方差	极差	最小值	最大值
$K^+ + Na^+$	1 147.92	1 153.35	1 199.6	80.61	6 497.54	572.49	949.13	1 521.62
Ca^{2+}	84.02	88.09	85.69(a)	22.034	485.74	112.83	0.88	113.71
Mg^{2+}	36.66	30.19	29.22(a)	19.62	384.87	93.36	12.65	106.01
CO_3^{2-}	42.99	14.4	0	49.879	2 487.19	168.1	0	168.1
HCO_3^-	329.08	356.36	400.29	128.21	16 438.62	908.95	3.91	912.86
Cl^-	1 140.79	1 145.1	1 154.00(a)	49.85	2 484.85	237.53	1 035.23	1 272.76
SO_4^{2-}	678.21	660.9	764.6	131.07	17 179.8	1 170	292	1 462
TDS	3 279.66	3 283.58	2 435.27(a)	217.05	47 111.13	1 945.82	2 435.27	4 381.09
总硬度	7.21	7	6.48(a)	1.36	1.86	11.32	1.84	13.16
pH	7.99	7.91	7.91	0.38	0.14	1.67	7.25	8.92

注：钾和钠、钙、镁、碳酸盐、重碳酸盐、氯离子、硫酸盐、溶解固体的单位是 mg/L，总硬度的单位是 meq/L，pH 无量纲。

二、-490 m 水巷道平东、西翼巷道水质空间特征

DF_1 以 9 月 5 号数据作为背景值，分别对东、西翼各放水点取样进行测试分析。

（一）东、西翼常规组分空间特征

东翼各放水点的常规离子，如 $Na^+ + K^+$、Ca^{2+}、Mg^{2+}、CO_3^{2-}、HCO_3^-、Cl^-、SO_4^{2-} 等，变化曲线如图 5-1 所示，$E_{1探}$、E_{1-1}、E_{1-3} 变化较缓慢，与 E_{2-3}、E_{3-1}、E_{3-2} 有所不同。其中，E_{2-3} 放水量较之其他几个钻孔较大，$Na^+ + K^+$ 和 Cl^- 含量相对较高。

西翼各放水孔离子组分变化曲线如图 5-2 所示：大多数孔常规组分基本相同，只有 $WS_1C_I^{3上}{}_{-1}$ 和 $WS_1C_I^{3上}{}_{-2}$ 存在一定的差异性。其中，$WS_1C_I^{3上}{}_{-1}$ 的 SO_4^{2-} 的含量较高，而 $WS_1C_I^{3上}{}_{-2}$ 的 $Na^+ + K^+$ 和 Cl^- 含量较高。

据以往勘探成果，潘北矿及周边矿区奥陶系灰岩水中的 SO_4^{2-} 含量为 461.70～573.63 mg/L，而 $WS_1C_I^{3上}{}_{-1}$ 的 SO_4^{2-} 的含量为 591.73 mg/L，与同一层位其他钻孔有一定差别，$WS_1C_I^{3上}{}_{-1}$ 的水源可能来源于更深的层位。

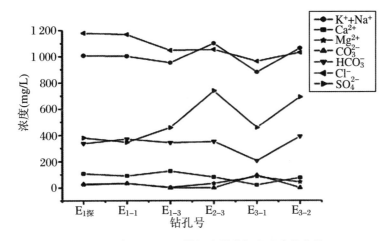

图 5-1 东翼 $E_1 \sim E_3$ 钻场水样常规离子变化曲线

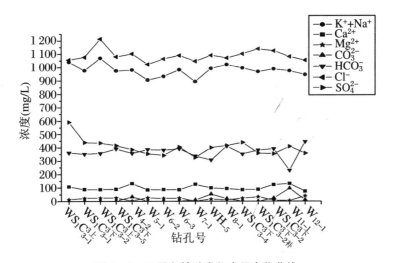

图 5-2 西翼各钻孔常规离子变化曲线

(二) 东、西翼巷道总溶解固体

东翼总溶解固体曲线如图 5-3 所示，DF_{9-1} 断层与 DF_1 断层之间的放水孔，即 E_1 探、E_{1-1}、E_{1-3} 的总溶解固体含量越来越低，而 E_{2-3} 总溶解固体含量最大，且 E_{3-1} 和 E_{3-2} 也与 E_1 钻孔的总溶解固体存在一定的差异性。

西翼各放水孔总溶解固体曲线，如图 5-4 所示，总溶解固体范围为 2 198.71～2 684.44 mg/L，其中，$WS_1C_1^{3上}{}_{-2}$、$WS_1C_1^{3上}{}_{-1}$ 的含量分别为 2 684.44 mg/L 和 2 628.49 mg/L，较周围孔含量高。

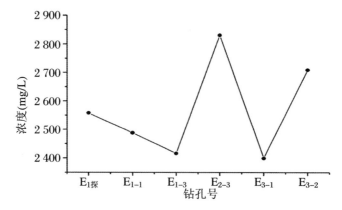

图 5-3　东翼 E_1~E_3 钻场总溶解固体变化曲线

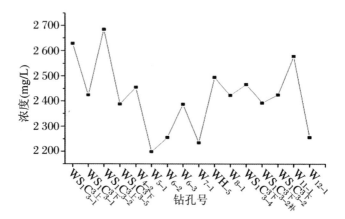

图 5-4　西翼各放水孔总溶解固体变化曲线

（三）东、西翼总硬度和 pH

东、西翼总硬度和 pH 变化曲线如图 5-5、图 5-6 所示，表明东翼的水样的总硬度普遍高于西翼，东翼大致在 6.6~8.04 meq/L 范围内，而西翼在 5.4~7.08 meq/L 范围内，水样 pH 变化小。

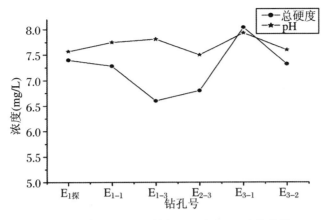

图 5-5　东翼 $E_1 \sim E_3$ 钻场总硬度和 pH 变化曲线

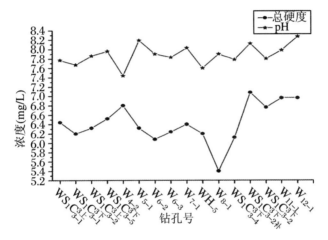

图 5-6　西翼各放水孔总硬度和 pH 变化曲线

三、-490 m 巷道不同出水点水质特征

选取 Ca^{2+}、$Na^+ + K^+$、Mg^{2+}、CO_3^{2-}、HCO_3^-、Cl^-、SO_4^{2-} 等 7 种常规离子作为测试指标,采用聚类方法对此进行深入分析。

（一）聚类方法

由于所采水样均直接来自 C_1 组灰岩,水质较为相似,仅靠水质类型难以区分含水层水质不同点之间的细微差别。为此,通过聚类分析,对不同出水点水质进行差异性分析。

聚类分析原理:设对含 m 个测试指标的每一水样样本,可定义为 m 维空间点,在 m 维空间中的任意两点,其相似性可用"距离"度量,设为"d_{ij}"。若将任一样本看作一类,其类间相似性可用欧氏距离 D_E 表示,则

$$D_{\mathrm{E}} = d_{ij} = \left[\sum_{l=1}^{m}(x_{il} - x_{jl})^2\right]^{\frac{1}{2}} \qquad (5-1)$$

式中：l 为样本指标数（$l=1,2,\cdots,m$）；i,j 为样本序号；x_{il}，x_{jl} 为样本各指标。

聚类方法就是对 n 个样本计算出两两间距离 d_{ij}，从中找出距离最小的两类 G_p 与 G_q，合并成一个新类 G_r；重新计算新类与其他各类间的距离，再将欧氏距离最小的两类合并；重复以上过程至所有样本聚为一类为止。

（二）结果分析

所测 C_1 组灰岩水样 19 个，水质类型基本为 Na^+—Cl^- 型。利用表 5-2 中数据，对太灰水进行聚类分析，确定了类间欧氏距离不大于 15 作为选取对象标准，其结果如图 5-7 所示。

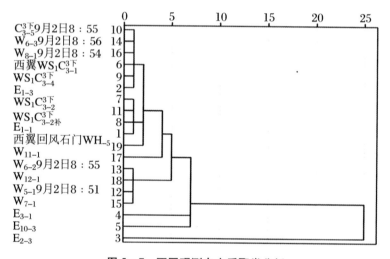

图 5-7 不同观测点水质聚类分析

由此可知，水样中只有 E_{2-3} 水样与其他水样相差较大，类间欧氏距离为 25，说明 E_{2-3} 水样水化学特征与其他水样相比，存在较大差异性，推测其补给水源可能来自其他含水层。

第二节 水化学类型

通过划分水文地球化学类型，揭示地下水的溶滤作用、混合作用、阴阳离子交换、脱碳酸、脱硫酸等有关地下水化学成分的形成过程，利用太原组 C_1 层灰水 28 组样品、潘北及周边矿区奥陶系灰岩水样 5 组以及太原组—奥陶系混合水样 3 组进行分析，其结果如下：

一、太原组灰岩水

以 $Na^+ + K^+$、Cl^- 含量为主,SO_4^{2-} 次之。其中 $Na^+ + K^+$ 含量范围为 831.33～1 165.62 mg/L;Cl^- 含量为 962.55～1 212.49 mg/L;总溶解固体为 1 852.22～3 136.72 mg/L;总硬度为 2.32～8.0 meq/L;pH 为 7.34～8.33。利用 Piper 图对太原组 C_I 组灰岩水成分进行分析可知:太原组 C_I 层灰岩水的水化学类型多为 $Na^+ - Cl^-$ 型,少数为 $Na^+ - Cl^- + SO_4^{2-}$ 型,两者比例为 28∶5,如图 5-8 所示。

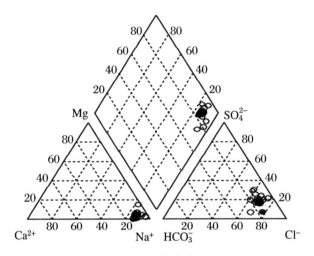

图 5-8 太原组灰岩水 Piper 图

二、奥陶系灰岩水

以 $Na^+ + K^+$、Cl^- 含量为主,其次为 SO_4^{2-}。其中 $Na^+ + K^+$ 含量范围为 771.98～915.17 mg/L;Cl^- 含量为 931.88～1 058.32 mg/L;总溶解固体为 2 431.5～2 910 mg/L;总硬度为 4.5～7.8 meq/L;pH 为 7.52～8.29。水化学类型主要为 $Na^+ - Cl^-$ 型,如图 5-9 所示。

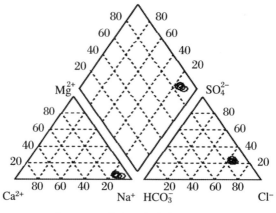

图 5-9　奥陶系灰岩水 Piper 图

三、太原组—奥陶系混合水

以 $Na^+ + K^+$、Cl^- 为主，SO_4^{2-} 次之。其中 $Na^+ + K^+$ 含量为 883.80～1 146.00 mg/L；Cl^- 含量为 1 057.6～1 447.9 mg/L；总溶解固体为 2 500～2 728 mg/L；总硬度为 5.31～6.75 meq/L；pH 为 8.15～8.35。水化学类型主要为 Na^+—Cl^- 型，如图 5-10 所示。

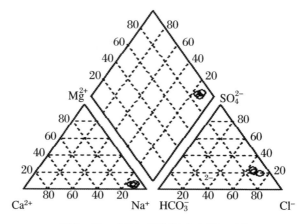

图 5-10　太灰—奥灰混合水 Piper 图

四、二叠系砂岩裂隙水

以 $Na^+ + K^+$、HCO_3^- 为主，其中 $Na^+ + K^+$ 含量为 833.04～874.16 mg/L；HCO_3^- 含量为 632～787.4 mg/L；总溶解固体为 2 102.7～2 187 mg/L；总硬度为 0.64～6.01 meq/L；

pH 为 8.7～9.1；水化学类型为 $Na^+ - HCO_3^-$ 型，如图 5-11 所示。

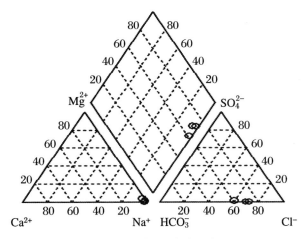

图 5-11　二叠系基岩段含水层水 Piper 图

五、新生界松散层水

以 $Na^+ + K^+$、Cl^- 为主，SO_4^{2-}、HCO_3^- 次之。其中 $Na^+ + K^+$ 含量为 218.62～838.99 mg/L；Cl^- 含量为 90.27～1 009.87 mg/L；SO_4^{2-} 含量为 51.85～419.73 mg/L；HCO_3^- 含量为 291.55 mg/L～533.18 mg/L；总溶解固体为 689.91～2 475.975 mg/L；pH 为 7.7～8。水化学类型较为复杂，主要有 $Na^+ - HCO_3^- + Cl^-$、$Na^+ - Cl^- + SO_4^{2-}$ 和 $Na^+ - Cl^-$ 三种类型，如图 5-12 所示。

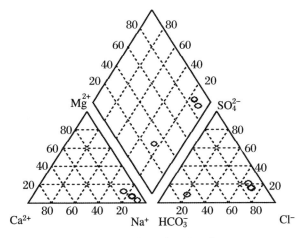

图 5-12　第四系新生界松散层水 Piper 图

不同含水层水质对比见表5.6。

表5-6 不同含水层对比

层位	水化学类型	$Na^+ + K^+$ (mg/L)	Cl^- (mg/L)	SO_4^{2-} (mg/L)	HCO_3^- (mg/L)	总溶解固体 (mg/L)	pH
太原组灰岩水	Na^+-Cl^-型,少数为$Na^+-Cl^- + SO_4^{2-}$型	831.33~1 165.62	962.55~1 212.49	120.60~737.741	9.76~663.9	1 852.22~3 136.72	7.34~8.33
奥陶系灰岩水	Na^+-Cl^-型	771.98~915.17	931.88~1 058.32	418.19~573.63	278.25~357.8	2 431.5~2 910.00	7.52~8.29
太原组—奥陶系混合水	Na^+-Cl^-型	883.80~1 146.00	1 057.6~1 447.9	461.70~527.4	282.52~338.23	2 500~2 728	8.15~8.35
二叠系基岩水	$Na^+-HCO_3^-$型	833.04~874.16	694.9~7 927.4	2.0~25.52	632.0~787.4	2 102.7~2 187	8.7~9.1
新生界松散层水	$Na^+-HCO_3^- + Cl^-$、$Na^+-Cl^- + SO_4^{2+}$和Na^+-Cl^-型	218.62~838.99	90.27~1 009.87	51.85~419.73	291.55~533.18	689.91~2 475.975	7.7~8.0

第三节 地下水水温特征

一、各放水孔观测点水温特征

利用水银温度计或数字式温度计测试不同阶段不同放水观测孔温度,结果发现,

−490 m 巷道 C_I 组灰岩在不同放水点存在差异性,反映了 C_I 组灰岩含水层水温在空间上分布非均匀性的特点,如 $WS_1C_{I-1}^{3上}$、$WS_1C_{I-1}^{3下}$、W_{9-2} 等放水孔水温较高,分析表明:其不仅来自 C_I 组灰岩含水层,还可能来自更深层位其他含水层,统计结果如表 5-7 所示,具有如下特点:

(1) 大部分放水孔水温均在 30~37 ℃ 之间,平均为 33~36 ℃。其中,水温高于 37 ℃ 的放水孔出现于后续三个阶段,分别是 WS_1 及 W_9 钻场,其最高水温分别为 40 ℃、39 ℃。

(2) 各出水孔水温众数反映:孔 $WS_1C_{I-1}^{3上}$、$WS_1C_{I-1}^{3下}$ 及 W_{9-2} 的水温异常值出现频率较高,其异常值分别为 39 ℃、38.4 ℃、38 ℃。

二、水温异常现象

以上统计发现水温持续异常的放水孔为 $WS_1C_{I-1}^{3上}$、$WS_1C_{I-1}^{3下}$、W_{9-2},其各自水温随时间的变化曲线如图 5-13、图 5-14、图 5-15 所示。

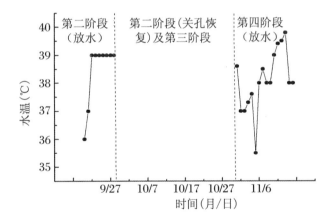

图 5-13 $WS_1C_{I-1}^{3上}$ 水温变化曲线

表 5-7 放水试验各出水点水温统计

（单位：℃）

放水孔编号	第一阶段 西翼关孔恢复阶段					第二阶段 WS₁石门东侧放水及恢复阶段西翼					第三阶段 WS₁石门西侧放水及恢复阶段					第四阶段 总放水阶段				
	均值	中值	众数	最小值	最大值	均值	中值	众数	最小值	最大值	均值	中值	众数	最小值	最大值	均值	中值	众数	最小值	最大值
$E_{1采}$	35.2	35	37	32	37	35.7	35	34	33	—	35.3	35	35	34	37	35.2	35	35	34	37
E_{1-1}	35.2	35	37	33	37	35.6	34.5	34	33	—	35.3	35	35	34.5	37	35.2	35	35	35	36.1
E_{1-3}	35.2	35	37	32.5	37	35.7	35	34.5	33	—	35.4	35.1	35	34.5	37.5	35.2	35	35	34.1	36.4
E_{2-3}	34.7	35	35	33	36	35.1	35	35	33.5	—	35.4	35.3	35	34	37.5	35.4	35	35	35	—
E_{3-1}	34.6	34.8	35.5	32	35.5	34.9	34.3	34	32.7	—	35	35	35	34	36.5	35.1	35	35	35	36
E_{3-2}	34.7	35	35.5	33	36	35	34.8	34	33	36	35.2	35	35	34	37	35.1	35	35	35	36
EG_2	33.2	33	33	31	34.5	33.4	33	33	31	36	33.3	33	33	32	36.5	33.7	33	33	33	35
E_{8-4}	34.5	35	35	30	35.5	34.3	34	35.5	31.8	35.5	35.3	35	35	35	36	34.5	35	35	33	36
E_{9-2}	34.4	34.5	34.5	34	35	35.1	35	35	34	36.5	34.7	35	35	34	—	33	33	33	33	—
E_{11-2}	34.7	35	35	33	36	34.9	35	35	33	36	35.2	35	35	34	—	35.2	35	35	33	36
E_{13-1}											35.8	36	36	35	—	35	35	35	35	35
E_{13-2}											35.8	36	36	35	—	35	35	35	34	35
E_{13-3}											35.8	36	36	35	—	35.2	35	35	34	36
$ES_2C_3^{3下}{}_{-1补}$						34.4	34	34	33	37	35.4	35	35	34	37	34.3	34	34	34	36
$ES_2C_3^{3下}{}_{-2}$						34.3	34	34	32	37	35.4	35	35	34	37	35	35	35	34	36

续表

放水孔编号	第一阶段 西翼关孔恢复阶段					第二阶段 西翼 WS_1 石门东侧放水及恢复阶段					第三阶段 石门西侧放水及恢复阶段					第四阶段 总放水阶段				
	均值	中值	众数	最小值	最大值	均值	中值	众数	最小值	最大值	均值	中值	众数	最小值	最大值	均值	中值	众数	最小值	最大值
$ES_2C_{3-3}^{3下}$						34.1	34	34	32	37	34.8	35	35	32.5	—	35	35	35	33	36
$WS_1C_{3-1}^{3上}$						38.4	39	39	30	40						37.9	38	38	35.5	40
$WS_1C_{3-1}^{3下}$						37.9	38.4	38.4	34	39						37.6	37.5	37.5	35	39.8
W_{9-2}						36.6	36.5	38	35	39						36.7	36	35.5	35.5	39
$WS_1C_{3-2}^{3上}$											35.8	36	36	35	37	36	36	35.5	35	39.5
$WS_1C_{3-2补}^{3下}$											35.7	35.5	35	34	37	35.2	35	35	33.5	36.7
$WS_1C_{3-4}^{3下}$											36.2	36.2	36.2	36.1	36.2	35.4	35.5	35	33.8	37

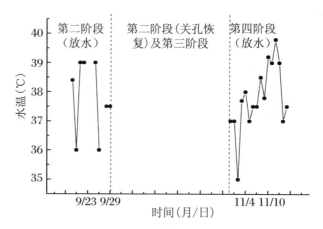

图 5-14 $WS_1C_{1-1}^{3上}$ 水温变化曲线

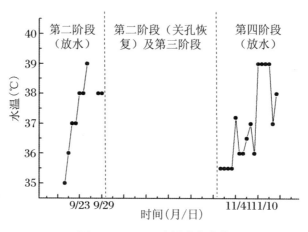

图 5-15 W_{9-2} 水温变化曲线

经分析具有以下特点:

(1) 在第二阶段放水过程中,$WS_1C_{1-1}^{3上}$ 与 W_{9-2} 孔水温持续上升。前者上升至 39 ℃时保持稳定,后者则是先升高至 39 ℃再降至 38 ℃然后保持稳定;而钻孔 $WS_1C_{1-1}^{3下}$ 的水温则存在一定的波动性。

(2) 在第四阶段放水过程中,$WS_1C_{1-1}^{3上}$、$WS_1C_{1-1}^{3下}$、W_{9-2} 水温变化范围依次分别为 35.5~39.8 ℃、35~39.8 ℃、35.5~39 ℃。

根据潘谢矿区的其他矿井、本矿前期补勘资料及抽水观测资料,按照目前的开采深度,太灰水温一般为 26~36 ℃,奥灰水温一般为 33~44 ℃,太灰、奥灰混合水温则一般为 30~43 ℃;另外,依潘谢矿区以往地温统计资料(表 5-8),其地温与深度关系式为

$$T = 18.1147 - 0.0258H$$

即

表 5-8 潘谢矿区地温统计

井田	地温梯度(℃/hm) 两极值	地温梯度(℃/hm) 平均值	最低标高 (m)	温度 (℃)	地温与深度关系式	相关系数
潘二	2.47~4.50	3.51	-827.35	40.6	$T = 19.8530 - 0.0264H$	0.965
潘一	2.98~3.79	3.42	-653.48	40.4	$T = 11.9620 - 0.0426H$	0.995
潘北	2.55~3.99	3.08	-860.74	42.5	$T = 18.1147 - 0.0258H$	0.997
潘三	2.51~3.19	3.01	-682.28	35.5	$T = 22.3304 - 0.0290H$	0.908
丁集	2.31~4.12	3.30	-934.24	50.4	$T = 20.0856 - 0.0261H$	0.992
顾桥	2.52~3.79	3.17	-975.66	46.4	$T = 17.6046 - 0.0297H$	0.989
张集	2.60~3.99	3.26	-947.86	42.1	$T = 21.0033 - 0.0221H$	0.964
谢桥	2.28~4.78	3.55	-914.77	46.7	$T = 21.1010 - 0.0230H$	0.956
刘庄	2.60~4.70	3.14	-873.01	39.7	$T = 17.6044 - 0.0266H$	0.982

$$H = 702.1202 - 38.7597T$$

由此计算出 $WS_1C_{1-1}^{3上}$、$WS_1C_{1-1}^{3下}$、W_{9-2} 孔深度分别为 -840.52 m、-840.52 m、-809.51 m,而实际出水点标高分别为 -429.11 m、-391.37 m、-485.80 m。由此推断,三个放水孔均接受深部地下水的补给,推测 DF_1 断层为补给通道,使得深部奥陶系灰岩水与寒武系灰岩水通过次一级的 DF_1、DF_{1-1} 断层发生了联系,如图 5-16 所示。

同时,在 WS_1 石门放水过程中,补水一线附近不同灰岩含水层水位发生变化,说明其补给水源也来自灰岩露头区,通道为断层以及转折端裂隙等。

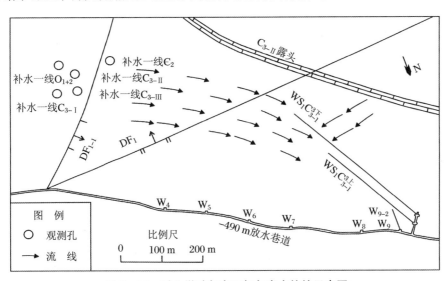

图 5-16 潘北煤矿灰岩深部灰岩水补给示意图

注:图中观测孔补水一线 C_{3-I}、补水一线 C_{3-II}、补水一线 C_{3-III}、补水一线 O_{1+2}、补水一线 ϵ_3 水位依次为 -250.18 m、-27.27 m、-27.35 m、-20.93 m、-23.68 m;放水孔 $WS_1C_{1-1}^{3上}$、$WS_1C_{1-1}^{3下}$、W_{9-2} 水位分别为 -54.11 m、-46.37 m、-106.8 m。

第六章 －490 m 水平 C_I 组灰岩水文地质条件

第一节 潘谢矿区地下水补径排特征

一、地下水补给

潘谢矿区位于整个淮南煤田水文地质单元的中区,四周受阜—凤推覆断层、明龙山—刘府断层、新城口—长丰断层及陈桥断层控制,为一个较为独立的水文地质单元,因此,地下水补给受边界控制。矿山在开采过程中,主要充水水源为:上覆新生界底部松散层水,煤层顶底板砂岩裂隙水以及开采 A 组煤层时来自下部灰岩岩溶水。

二、地下水径流

受近南北向对冲式挤压推覆构造控制,煤田中区形成复式向斜,且后期在单元内又发育了近北北东向的断裂构造。褶曲和断层使得整个潘谢矿区基岩内裂隙发育,前期寒武系灰岩和奥陶系灰岩长期的风化剥蚀及地下水流作用导致岩溶发育,井田内多处发现岩溶异常区。区内发育不同尺度的断层、裂隙、溶隙,构成了整个中部亚系统地下水径流网络,也是矿井开采的径导水道。

三、地下水排泄

2009 年 12 月前,潘谢矿区灰地下水排泄点主要有两处,具体变化特征如下:

（1）谢桥矿东一、东二风井及 －440 m 回风巷突水点:自 1989 年 6 月 28 日至 1993 年 10 月 3 日共发生底板灰岩突水 5 次。其中,1993 年 10 月 3 日,－440 m 回风巷突水,初始水量为 449 m^3/h,最大水量为 642 m^3/h,稳定水量为 520～530 m^3/h。1993 年 10 月至 1995 年 9 月东风井第一次注浆堵水后,涌水量减小为 344.5 m^3/h;2005 年 8 月至 2007 年 10 月第二次注浆堵水后,涌水量减小为 74.2 m^3/h。

（2）潘二矿灰岩水的疏放,即 2005 年起对 C_I 组灰岩放水,2010 年 8 月以后 C_I

组灰岩疏放水量 15~20 m³/h，引起了不同灰岩含水层水位下降。

(3) 谢桥矿灰岩出水后，导致相距 43 km 的潘二矿水二1孔(奥灰观测孔)水位由 20.064 m(1993 年 9 月)降至 10.17 m(2003 年 9 月)。

(4) 潘北矿 C_I 组灰岩原始水位为 +25.068 m(水四线 C_{12} 孔，1984 年 9 月)，奥灰原始水位为 +27.847 m(水四线 5 孔，1985 年 5 月 20 日)，受潘谢矿区灰岩含水层疏放水影响，近年来，潘北矿井灰岩勘探中发现，C_I 组灰岩初测水位最高为 +2.972 m (十线 C_{3-I-1} 孔，2010 年 6 月)，比原始水位下降了 22.096 m，奥灰的初测水位为 +2.586 m(九线 O_{1+2} 孔，2010 年 1 月 24 日)，比原始水位下降了 25.261 m。

因此，谢桥矿东风井灰岩突水，导致潘谢矿区范围内灰岩地下水位持续下降。一方面反映出潘谢矿区边界性质，灰岩地下水以静储量为主，且中区单元灰岩地下水现有排泄量大于补给量的特点；另一方面，说明整个潘谢矿区灰岩地下水渗流动力场，具有一定水力联系。

第二节 试验区地下水补径排特征

潘北煤矿属于隐伏煤田，位于潘集背斜的北翼，矿区内西部的背斜轴部为一片椭圆状灰岩露头，东南部为 F_1 断层，分别与潘三、潘二矿接壤，北部向深部延伸。依试验区 -490 m 水平 C_I 组灰岩放水试验过程，结合以往水文地质资料分析，包括富水性、渗透性及断层阻水性等，将试验区 C_I 组灰岩以 DF_1 断层为界，划分为东、西两翼，且二者为相对独立的水文地质区块。

区内新生界松散层总厚为 243.57~486.60 m，A 煤底板灰岩隐伏于巨厚新生界地层之下。位于潘三背斜轴部的十线水 34 孔新生界总厚 307.43 m，新生界底部隔水层厚 8.36 m；位于潘三背斜轴部附近的十西线水四 5 孔新生界总厚 328.00 m，新生界底部隔水层厚 32.33 m。据十下含 3 孔下含抽水资料，单位涌水量为 0.000 015 L/(s·m)，为弱富水性。由于底部黏土层阻隔，该层与 1 煤底板灰岩露头不发生垂向水力联系。

矿井 -490 m 水平 C_I 组灰岩疏水以来，新生界下含观测孔无明显对应下降变化，也佐证了这一点。

一、东翼地下水补、径、排

(一) 补给

该区块受 F_1 断层阻隔，其补给条件差，情况如下：

(1) 自放水试验以来,地下水持续下降,反映了地下水的补给水源以灰岩含水层静储量为主。

(2) 通过 DF_1 及 DF_9 断层,西部露头区灰岩进行侧向补给,但补给条件差。

(3) 通过 DF_{1-1} 断层通道,来自下部奥灰、寒灰补给。

(二) 径流

由以上分析可知:本区块 C_I 组灰岩具有钻孔出水量小、水位降速快、降幅大等特征,并形成以 $KZ_{14补}$ 孔为中心的降落漏斗,表明东翼 C_I 组灰岩地下水的径流条件较好,但富水性弱,边界为弱导水—隔水边界。

从东向西,径流强度相对增大,自 A 组煤层露头向深部,径流强度逐渐减小。具体为:

(1) $KZ_{10补}$ 孔 2011 年 4 月 20 日成孔后水位为 -38.80 m,在井下 E_{13} 钻场钻孔出水前该孔水位就持续下降,9 月 6 日已降至 -145.271 m,平均日降幅 0.766 m。$KZ_{14补}$ 孔 2011 年 2 月 14 日成孔后水位为 -336.50 m,9 月 6 日降至 -421.85,表明沿走向径流条件好。

(2) 位于太灰露头附近的八西线 C_{3-I} 孔:东翼 $ES_1C_{1-2}^{3上}$ 孔于 2011 年 1 月 28 日至 2 月 10 日施工出水,该孔水位 2 月 4 日至 2 月 9 日由 -113.91 m 降至 -164.22 m。东翼 $ES_2C_{1-5}^{3下}$ 孔于 2011 年 6 月 25 日施工出水,该孔水位 2011 年 6 月 25 日至 7 月 14 日,由 -205.505 m 降至 -302.785 m,表明沿倾向径流条件好。

(3) 补水一线 C_{3-I} 孔:位于 DF_1 断层以东,其径流条件较复杂。

试验前,该孔水位陡降分为两个阶段:① 2011 年 2 月 4 日至 2 月 20 日,水位由 -54.88 m 降至 -113.35 m,平均日降深 3.65 m。主要为受东翼 E_3 钻场中钻孔 2011 年 1 月 5 日至 1 月 10 日施工出水的影响。② 2011 年 3 月 9 日至 5 月 10 日,水位由 -117.905 m 降至 -243.965 m,平均日降深 2.03 m/d。由于受东翼 E_1 钻场中钻孔、ES_1 石门西侧钻孔、西翼 W_5 钻场中钻孔和 WS_1 石门 $C_{3-I}^{3下}$ 孔于 2011 年 3 月至 4 月施工出水的影响。因此,补水一线 C_{3-I} 孔水位变化主要受 DF_1 和 DF_{9-1} 断层间钻孔出水的影响。试验中,该孔在西翼总恢复阶段,水位滞后 15 小时开始回升,恢复时段水位回升 15.58 m,平均升幅为 1.19 m/d。在西翼总放水阶段,水位滞后 5 小时开始下降,放水时段水位下降 25.78 m,平均降幅为 1.72 m/d。滞后时间长于补水一线 $C_{3-Ⅲ}$、补水一线 $C_{3-Ⅱ}$、补水一线 C_3 孔。

因此,补水一线 C_{3-I} 孔水位变化主要受东翼疏放影响,西翼恢复和放水时水位滞后,推断 DF_{1-1} 弱导水断层。

(三) 排泄

地下水通过井下钻孔放水。

由于补给条件差,灰岩富水性弱,放水量远大于补给量,使得灰岩含水层水位持续大幅度下降,以消耗储存量为主。

二、西翼地下水补、径、排

(一) 补给

西翼 A 组煤层露头距离西部灰岩露头近,放水试验及连通试验表明,C_I 组灰岩出水量较大,水位(压)响应快,降幅相对较小,径流条件好,反映了在该块段内各种灰岩导水通道发育、导水性好、补给源丰富等特点。形成以放水孔为中心的降落漏斗,如图 6-1 所示。

补给途径有:① 主要来自西翼露头区(背斜灰岩露头)侧向的补给;② 间接通过 DF_1 断层,来自背斜露头太灰、奥灰的补给;③ 接受下部奥灰、寒灰的补给。

-490 m 水平 C_I 组灰岩放水导致不同层(组)灰岩水位下降,表明 C_I 组灰岩与其底部灰岩间存在着密切的水力联系。由于补给条件及途径存在差异性,试验过程中观测孔表现出不同的响应特征。

1. 响应速度快、水位变幅大,反映水力联系密切

补水一线 C_{3-III} 孔:在西翼总恢复阶段,水位滞后 1 小时后开始回升,最初 8 小时内水位回升 2.156 m,平均回升 0.76 m/h;

补水一线 C_{3-II} 孔:西翼总恢复阶段,水位滞后 1.5 小时后开始回升,最初 8 小时水位回升 1.65 m,平均回升 0.79 m/h。

2. 响应速度相对较快、水位变幅较大,水力联系较密切

潘三矿十线 O_{2-1}、潘三矿十线 O_{2-2} 孔:在西翼总恢复阶段,水位滞后 2.5 小时后开始回升,初始 8 小时内水位回升 0.06~0.085 m,至恢复终期,水位回升 3.66~3.68 m,平均回升为 0.28 m/d。

补水一线 ϵ_3 孔:在西翼总恢复阶段,水位滞后 3 小时后开始回升,初始 8 小时内水位回升 0.114 m,结束后水位回升 3.70 m,平均回升 0.29 m/d,该孔水位在整个过程,水位变化与潘三矿十线 O_{2-1}、潘三矿十线 O_{2-2} 孔具有类似特点。

连通试验亦证明:C_I 组灰岩与其底部灰岩间存在较密切水力联系。补水一线 ϵ_3 孔投放示踪剂后,$WS_1C_1^{3下}$ 孔 6 小时接收到示踪剂,流速为 88.46 m/h;潘三矿十线 O_{2-2} 孔投放示踪剂,$WS_1C_1^{3下}$ 孔三次接收到变化,反映存在多条导水通道,平均流速为 81.34 m/h。

3. 响应速度较慢、水位变幅较小,表明水力联系相对较弱

补水一线 O_{1+2} 和九线 O_{1+2} 孔:其水位变化实际上是奥灰地下水的径流结果,并未直接与 C_{3-I} 组灰岩产生水力联系。

以上各阶段水位变化对比如表 6-1、表 6-2、表 6-3 所示。

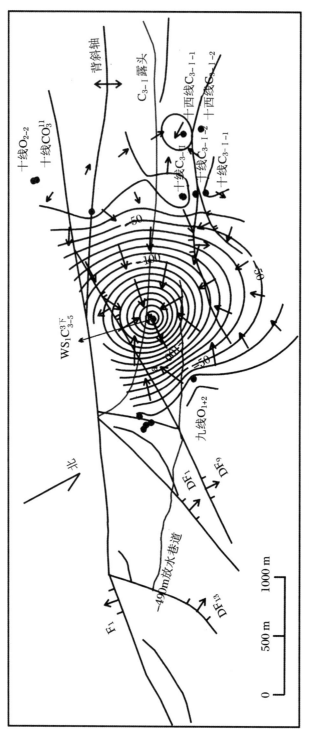

图 6-1 潘北煤矿西翼地下水补、径、排示意图

表6-1　西翼总恢复初始5小时水位变化统计

（单位：m）

观测孔 时间 (2011/9/6)	补水一线 C_{3-II}	补水一线 C_{3-III}	补水一线 O_{1+2}	补水一线 ϵ_3	九线 O_{1+2}	潘三矿十线 O_{2-1}	潘三矿十线 O_{2-2}
9:00	-36.14	-36.00	-21.06	-27.46	-24.65	-25.120	-27.010
9:30	-36.14	-36.00	-21.06	-27.46	-24.65	-25.120	-27.010
10:00	-36.14	-35.96	-21.06	-27.46	-24.65	-25.120	-27.005
10:30	-36.12	-35.89	-21.05	-27.46	-24.65	-25.120	-26.995
11:00	-36.06	-35.76	-21.06	-27.46	-24.65	-25.120	-26.995
11:30	-35.99	-35.62	-21.06	-27.46	-24.65	-25.115	-26.990
12:00	-35.89	-35.45	-21.05	-27.46	-24.65	-25.100	-26.985
12:30	-35.76	-35.28	-21.05	-27.44	-24.65	-25.090	-26.980
13:00	-35.61	-35.10	-21.04	-27.43	-24.64	-25.090	-26.975
13:30	-35.46	-34.93	-21.04	-27.42	-24.63	-25.080	-26.970
14:00	-35.33	-34.75	-21.04	-27.40	-24.63	-25.070	-26.950

表6-2　西翼总放水初始5小时水位变化统计

（单位：m）

观测孔 时间 (2011/10/31)	补水一线 C_{3-II}	补水一线 C_{3-III}	补水一线 O_{1+2}	补水一线 ϵ_3	九线 O_{1+2}	潘三矿十西线 O_{2-2}
9:00	-24.91	-25.05	-20.35	-23.72	-21.03	-22.500
9:30	-24.89	-25.06	-20.36	-23.72	-21.01	-22.500
9:35	-24.91	-25.09	-20.35	-23.72	-20.99	
9:40	-24.91	-25.09	-20.35	-23.72	-20.98	
9:45	-24.93	-25.11	-20.36	-23.72	-20.97	
9:50	-24.93	-25.14	-20.36	-23.72	-20.96	
9:55	-24.93	-25.15	-20.36	-23.72	-20.94	
10:00	-24.93	-25.18	-20.36	-23.72	-20.94	-22.500
10:30						-22.500
11:00	-25.10	-25.49	-20.35	-23.73	-20.94	-22.510
11:30	-25.21	-25.68	-20.36	-23.72	-20.94	-22.510
12:00	-25.36	-25.88	-20.35	-23.73	-20.96	-22.510
12:30	-25.51	-26.08	-20.35	-23.76	-20.96	-22.520
13:00	-25.66	-26.28	-20.35	-23.76	-20.97	-22.520
13:30	-25.86	-26.53	-20.35	-23.77	-20.97	-22.520
14:00	-26.01	-26.63	-20.35	-23.79	-20.98	-22.520

表 6-3　西翼总恢复和西翼总放水阶段地面其他灰岩层（组）水位比较

（单位：m）

孔号	观测层位	至 WS₁ 石门迎头平距	西翼总恢复阶段					西翼总放水阶段				
			9月6日 9时	9月6日 17时	8小时回升	9月19日 9时	本阶段回升	平均日升幅	8月31日 9时	8月31日 17时	8小时降深	11月15日 9时	本阶段降深	平均日降幅
补水一线 C_{3-II}	C_{II}	东 906 m	-36.139	-34.409	1.65	-25.859	10.28	0.79	-24.91	-26.95	2.04	-36.33	11.42	0.76
补水一线 C_{3-III}	C_{III}	东 884 m	-36.004	-33.844	2.156	-26.044	9.96	0.76	-25.05	-27.5	2.45	-36.13	11.08	0.74
补水一线 O_{1+2}	奥灰	东 948 m	-21.059	-21.01	0.05	-20.419	0.64	0.05	-20.35	-20.34	-0.01	-21.65	1.3	0.09
九线 O_{1+2}	奥灰	东 506 m	-24.654	-24.60	0.05	-21.71	2.94	0.23	-21.03	-20.98	-0.05	-25.02	3.99	0.27
潘三矿十一线 O_{2-1}	奥灰寒灰	西 1 192.97 m	-25.12	-25.06	0.06	-21.44	3.68	0.28	-20.47	未测		-25.15	4.68	0.31
潘三矿十一线 O_{2-2}	奥灰寒灰	西 1 734.71 m	-27.01	-26.925	0.085	-23.35	3.66	0.28	-22.5	-22.59	0.09	-27.15	4.65	0.31
补水一线 ϵ_{-3}	寒灰	东 846 m	-27.456	-27.346	0.114	-23.716	3.70	0.29	-23.72	-23.85	-0.13	-43.14	19.42	1.29

(二) 径流

C_I 灰岩地下水的径流方向及流动速度,主要取决于含水层内部的岩溶裂隙发育程度及试验区范围内断层导、隔水性。

(1) 依据 C_I 组灰岩钻孔抽水试验及本次放水试验成果分析认为:由于西翼距离潘集背斜灰岩露头较近,在该范围内不仅发育切割灰岩较深的断层,也发育层面裂隙及岩溶塌陷,在灰岩露头及其附近,沿地层走向,径流通道发育,由灰岩露头向深部,径流通道逐渐变差。

(2) 由于受到区内多条大断层,如 F_1、DF_1 及 F_{70} 导隔水性影响,区内西翼灰岩地下水径流条件较好,放水时整个地下水径流方向自西南向东北,局部存在降落漏斗。

(3) 推测的 DF_{1-1} 为深部导水断层,将奥灰、寒灰与太灰水相沟通。

(4) 潘三矿十线 C_3^{11}、O_{2-1} 孔和十西线 O_{2-2} 孔通过 F_1、DF_1 断层,使背斜西翼的奥灰水与 C_I 组灰岩水发生水力联系。

(5) 在西翼的露头区,C_I 组灰岩的径流条件由背斜灰岩露头区向深部逐渐变差,这有几个方面佐证:

① 潘三矿十线 C_3^{11} 孔和十西线 C_{3-I-1} 孔距放水孔较远,但响应速度快,其中,潘三矿十线 C_3^{11} 孔水位与潘三矿十线 O_{2-2}、十线 O_{2-1} 孔具有同速、等幅变化特征,分析如下:

在西翼总恢复阶段,位于潘集背斜南翼的潘三矿十线 C_3^{11} 孔,距 WS_1 石门迎头 1 751.06 m,水位滞后 1.5 小时开始回升,径流速度为 1 167.40 m/h;初始水位升幅较小,8 小时水位回升 0.07 m;恢复末期,水位回升为 3.62 m。

十西线 C_{3-I-1} 孔,距 WS_1 石门迎头 1 592.21 m,水位滞后 4 小时开始回升,速度达 398 m/h;初始水位升幅较大,8 小时水位回升 0.21 m;整个恢复过程,水位回升 12.45 m,日回升为 0.96 m。

十线 C_{3-I-2} 孔,距 WS_1 石门迎头 1 100.65 m,虽然距放水孔较近,但反映较慢,水位滞后 15 小时开始回升,水位回升为 9.03 m,详见表 6-4。

表 6-4 西翼总恢复初期水位变化统计

(单位:m)

孔号 时间 (2011/9/6)	补水一线 C_{3-I}	十西线 C_{3-I-1}	十线 C_{3-I-2}	潘三矿 十线 C_3^{11}
至 WS_1 石门迎头平距	930	1 592.21	1 100.65	1 751.06
9:00	-260.035	-55.970	-52.140	-26.020
9:30	-260.075	-55.980	-52.140	-26.020
10:00	-260.075	-55.980	-52.140	-26.020
10:30	-260.095	-55.990	-52.140	-26.000

续表

孔号 时间 (2011/9/6)	补水一线 C_{3-I}	十西线 C_{3-I-1}	十线 C_{3-I-2}	潘三矿 十线 C_3^{11}
11:00	-260.115	-55.980	-52.140	-26.000
11:30	-260.145	-55.980	-52.140	-25.995
12:30	-260.165	-55.980	-52.140	-25.995
13:00	-260.185	-55.970	-52.140	-25.990
13:30	-260.205	-55.950	-52.140	-25.980
17:00	-260.255	-55.760	-52.140	-25.950
2011/9/7 0:00	-259.33	-55.040	未更新	
2011/9/7 18:00	-259.07	-52.790	-52.05	

上述 3 个孔在西翼总放水阶段水位变化见表 6-5。

表 6-5　西翼总放水初期水位变化统计

(单位: m)

孔号 时间 (2011/10/31)	补水一线 C_{3-I}	十西线 C_{3-I-1}	十线 C_{3-I-2}	潘三矿 十线 C_3^{11}
9:00	-241.04	-40.55	-37.58	-21.200
10:00	-241.07	-40.53	-37.58	-21.200
10:30	-241.04	-40.52	-37.58	-21.210
11:00	-241.07	-40.52	-37.58	-21.240
12:00	-241.04	-40.53	-37.58	-21.250
12:30	-241.04	-40.56	-37.60	-21.250
13:00	-241.07	-40.57	-37.60	-21.260
13:30	-241.09			
14:00	-241.09			
14:30	-241.10			
16:00	-241.13	-40.84	-37.58	-21.290
17:00	-241.18	-40.97	-37.58	-21.310
0:00	-245.32	-42.02	-37.68	
2011/11/1 6:00	-249.41	-42.94	-37.91	-21.60
2011/11/1 12:00	-250.16	-43.76	-38.24	

② 西翼 W_4 至 W_{10} 钻场及 WS_1 石门中的钻孔水压均随放水而下降、随恢复而回升,表明其与放水孔间的水力联系密切,W_4 至 W_{10} 钻场范围内 C_I 组灰岩地下水径流条件好。WS_1,$WS_1 C_{I-1}^3$。

(三)排泄

除潘谢矿区其他矿井疏放外,主要为潘北煤矿各灰岩含水层的疏放。

第三节 试验区 C_I 灰岩地下水流场特征

通过以上四个阶段放水试验,反复分析了区内各断层的导水、隔水性质。其中,总恢复阶段及西翼总放水两个试验阶段,是对整个研究区做一次较为细致的水文地质条件探查过程,而利用 WS_1 石门的东翼和西翼两次"放水—恢复"过程,是分别对石门东翼、西翼作局部水文地质条件认识。不同阶段水位(压)、水量、水温、水质等地下水指标的动态变化,充分反映了地下水流场在时空上的展布特征,也反映了不同范围内构造控水作用。还可对未知块断情况作系统的分析与推断。

一、总恢复阶段

从 2009 年 12 月至 2011 年 9 月 6 日为放水试验之前,由于前期灰岩巷道边施工边放水,使得整个灰岩地下流场发生不同程度的变化。当 WS_1 石门总涌水量达 90 m^3/h 时,-490 m 水平总涌水量为 120 m^3/h。其中,东翼为 18 m^3/h,致使区内整个 C_I 组灰岩地下水流场在空间上发生了差异性变化,如图 6-2 所示。

从 2011 年 9 月 6 日~2011 年 9 月 19 日为恢复阶段,由水压、水量、水位观测数据可知:东翼受西翼恢复影响不明显,DF_9 断层以东 C_I 组灰岩水位未回升,出现持续下降现象,仅受东翼放水影响;DF_9 断层以西至 DF_1 之间水位出现滞后回升现象,如补水一线 C_{3-I} 孔水位滞后 15 小时开始回升,回升为 12.45 m,说明西翼对此块段有一定的影响。

西翼钻孔水压回升 1.40~2.31 MPa,终压为 3.81~4.60 MPa,即水位为 -25.80 ~-103.40 m,存在水压滞后现象,且开始压力上升快、后逐渐趋于稳定的特点。地面观测孔,即十线 C_{3-I-2}、十西线 C_{3-I-1}、十西线 C_{3-I-2}、潘三矿十线 C_3^{11} 孔等水位回升了 0.98~12.45 m。

在试验前,以 DF_1 为界,东翼以 KZ_{14} 为中心,形成降落漏斗,而西翼以石门放水孔为中心,也形成了降落漏斗。

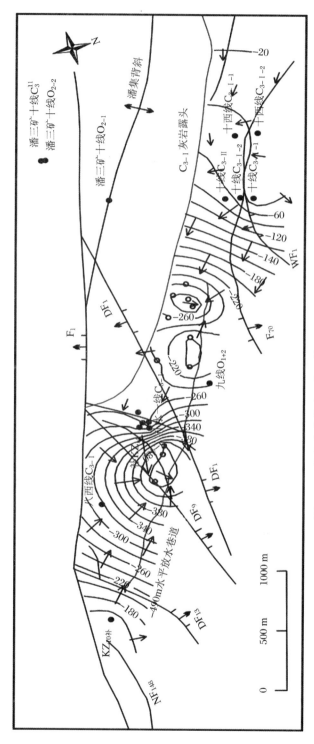

图 6-2 放水试验前地下水位等值线(2011 年 9 月 6 日)

恢复末期地下水水位等值线特点为:地下水由西向东流动,但受 DF_1 断层阻挡,表现出东翼地下水位呈下降趋势,并形成以 KZ_{14} 为中心的降落漏斗;而西翼地下水流向也表现出向 -490 m 巷道侧流特点,如图 6-3 所示。

二、WS_1 石门东侧放水与恢复阶段

在 WS_1 石门($WS_1C_{I-1}^{3\pm}$、$WS_1C_{I-1}^{3\bar{r}}$ 和 W_{9-2} 孔)放水和关孔过程中对东翼 C_I 灰岩含水层的水(压)位影响小,而对西翼影响较大,表现为:十西线 C_{3-I-1} 孔、十线 C_{3-I-2} 孔水位变幅较大。

WS_1 石门东侧放水末,DF_1 断层以东地下水水位继续下降,是东翼放水影响所致,但局部地段,如 DF_1 与 DF_9 之间,水位变化不仅受东翼放水影响,同时也受 WS_1 石门东侧放水影响;而西翼东侧(以 WS_1 石门为界)地下水位下降幅度小于西翼西侧,反映了距离背斜露头越近,补给和径流条件好。同时,也反映在 DF_1 以西的背斜轴北翼沿着 C_I 灰岩露头平行方向可能存在大裂隙通道(图 6-4)。

在恢复阶段,DF_1 断层西侧水位上升幅度小于第一阶段,而 DF_1 断层以东水位保持继续下降趋势。在 DF_1 与 DF_9 块断之间,水位有一定的恢复,这也说明了 WS_1 石门到该块断(DF_1 与 DF_9 之间)裂隙较发育,径流条件好(图 6-5)。

三、WS_1 石门西侧放水与恢复阶段

(1) 在放水和恢复过程中,-490 m 水平东翼涌水量和钻孔水压,C_I 组灰岩水位无对应变化关系,受西翼放水影响小。

(2) 在放水过程中,西翼 C_I 组灰岩水压下降了 $0.2 \sim 2.12$ MPa,最终水压下降至 $1.97 \sim 4.2$ MPa,即水位为 $-65.90 \sim -287.50$ m。其中,WS_1 石门西侧放水孔水压下降为 $1.34 \sim 2.12$ MPa,水压力为 $1.97 \sim 2.66$ MPa,即水位为 $-219.40 \sim -287.50$ m,形成以西侧 $WS_1C_{I-2}^{3\pm}$、$WS_1C_{I-2\dot{\uparrow}\dot{h}}^{3\bar{r}}$ 孔为中心的降落漏斗。

(3) 在恢复过程中,西翼 C_I 组灰岩水压已回升到了 $2.64 \sim 4.44$ MPa,即水位为 $-40.50 \sim -223.10$ m,总趋势为东(W_4 钻场)低,向西升高(W_{10} 钻场)。

西翼 C_I 组灰岩水压上升 $0.2 \sim 2.10$ MPa,最终水压回升到了 $2.52 \sim 4.4$ MPa,即水位为 $-45.90 \sim -235.10$ m。其中,WS_1 石门中钻孔水压升到了 $0.38 \sim 2.10$ MPa,最终水压为 $3.79 \sim 4.13$ MPa,即水位为 $-71.40 \sim -105.40$ m。

由以上分析可知:

在放水期间,地下水流向由西向东,受 DF_1、DF_9 断层控制,东侧流场水位继续下降。在西翼 WS_1 石门以东范围内,水位下降幅度小于其以西,说明补给水源主要来自西部灰岩露头区。由于 F_{70} 为弱导水,使得十线 C_{3-II} 和十线 C_{3-I} 孔水位继续下降。十线、十西线水位动态变化反映了 F_{70} 至 C_I 组灰岩露头,走向上层面拉张裂隙较发

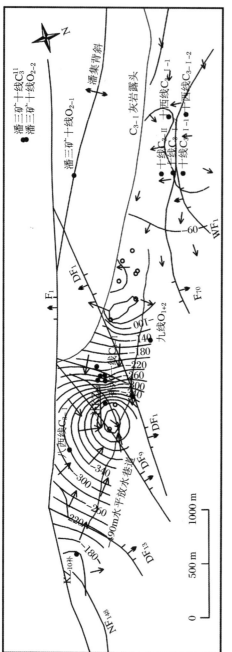

图6-3 总恢复末期地下水位等值线(2011年9月19日)

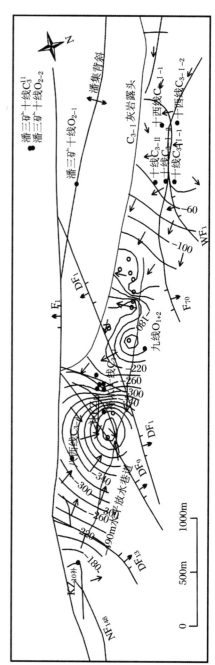

图6-4 第二阶段放水时段的地下水位等值线(2011年9月29日)

育,推断存在多条不同尺度的径流通道。

同样,在恢复阶段,DF_1 以东水位继续下降,而 DF_1 断层以西到 WS_1 石门间水位恢复幅度,小于 WS_1 石门以西,如图 6-6、图 7-7 所示。

四、西翼总放水阶段

-490 m 巷道西翼总放水试验是试验场范围内一次疏降水过程,全面反映地下水流动状况在不同块断内表现,暴露边界性质,反映出不同尺度断层导水、阻水性质以及裂隙的连通程度。

在疏放期间,地下水流向由西向东,在流动过程中受到不同断层边界控制,具体为:

(1) DF_9 以东,地下水流场水位变化只受东翼放水影响,自放水试验以来,东翼因放水使得其水位一直持续下降。

(2) 在 $DF_{9-1} \sim DF_1$ 之间,-490 m 以上的水位变化受东翼 E_1 钻场放水与西翼放水共同影响。

(3) 由于西翼受放水过程中水量大,潘集背斜灰岩露头区灰岩地下水是其补给水源,但受到 F_{70} 及 WF_1 断层控制,造成了 F_{70} 断层在十线及十西线附近的地下水位出现异常现象,主要表现为:十线 C_{3-I-2}、十西线 C_{3-I-1} 观测孔水位对放水响应快,而十线 C_{3-II} 和十线 C_{3-I-1} 孔水位自放水以来继续下降,且十西线 C_{3-I-2} 孔响应缓慢,存在滞后现象,如图 6-8 所示。

第四节 试验区断层导、阻水性质初步分析

地质构造是控制潘谢矿区、潘北矿灰岩水文地质条件复杂程度的关键因素。矿井南部西段属潘集背斜露头区,发育有 F_1、DF_1 等断层,均对灰岩地下水的补、径排起控制作用。其中,西翼灰岩水文地质条件复杂,灰岩出水量大,水位(压)下降较小,疏水降压效果相对较差,而东翼,尤其是 DF_{9-1} 断层以东,疏水降压效果显著。

潘集背斜轴部为 68.46 m 奥灰和寒灰露头分布区,其岩溶十分发育,局部岩性十分破碎,轴部及两翼灰岩富水性好。灰岩露头在潘集背斜翼部呈椭圆状分布,疏放过程中地下水绕背斜轴部形成多方向的径流。在背斜东部转折端,南边太灰、奥灰在九勘探线附近通过 F_1 断层与北边太灰、奥灰发生水力联系。在 -490 m 水平西翼 C_I 组灰岩放水和恢复期间,潘三矿十线 C_3^{11} 孔水位响应快,C_I 组灰岩地下水沿背斜南边发生径流;而与该孔相近的潘三矿十线 O_{2-2} 孔水位响应快,证明与 C_{3-I} 组灰岩径流条件好。

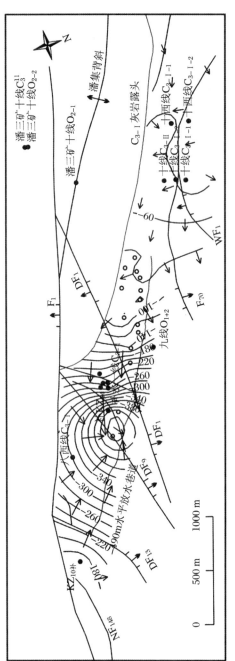

图 6-5 第二阶段恢复地下水水位等值线（2011年10月6日）

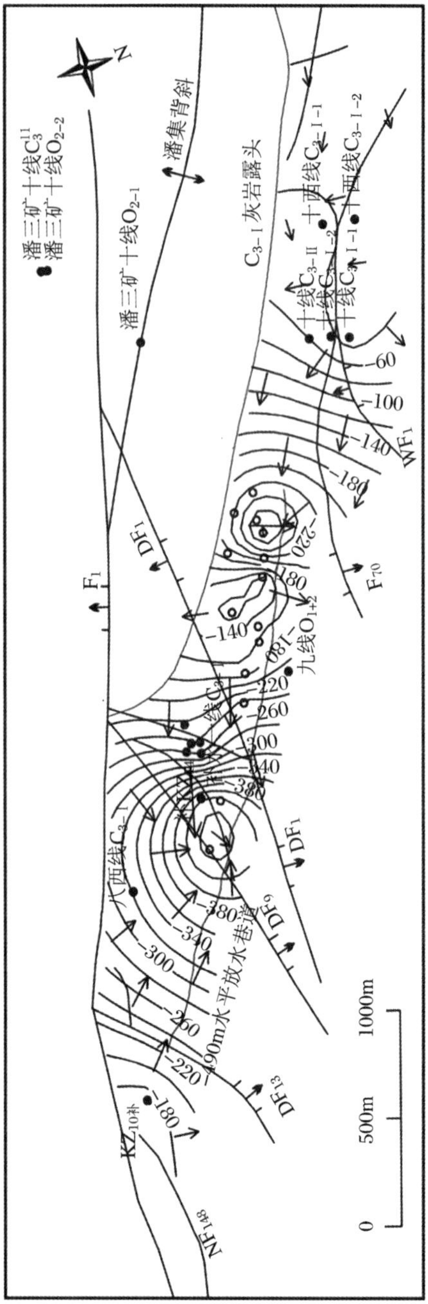

图 6-6 第三阶段放水地下水水位等值线（2011年10月17日）

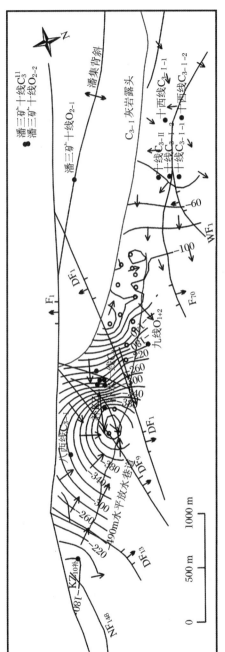

图 6-7 第三阶段恢复地下水位等值线（2011 年 10 月 31 日）

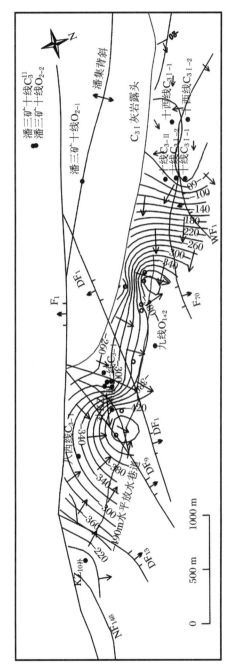

图 6-8 第四阶段地下水位等值线（2011 年 11 月 15 日）

通过 -490 m 水平 C_{3-I} 组灰岩放水试验,初步查明了 F_1、DF_{13}、DF_9、DF_1、DF_{1-1}、DF_{A-1}、F_{70} 和 WF_1 等断层导、阻水性。

一、F_1、DF_{13} 和 DF_9 断层

(一) F_1 断层

该断层为区域性正断层,断层落差为 $10\sim193$ m,走向 NE50°~NW75°,倾向 SE~S,倾角 $73\sim81°$。

该断层对于潘北矿而言,为阻水断层,具体分析如下:

(1) 该断层为矿区边界断层,由于断层的落差大,F_1 断层东段(九东线以东),断层下盘即本区太灰、奥灰地层与上盘即潘二矿煤系地层"对接"位置,对潘二矿可能为导水断层,而潘北矿为阻水断层,如图 6-9、图 6-10 所示。

(2) 东翼 C_I 组灰岩具有钻孔出水量小,水(压)位下降速度快、降幅大等特点。富水性弱,总涌水量仅为 19.82 m³/h;$E_3\sim E_{12}$ 钻场、ES_1、ES_2 石门等钻孔出水量小。

(3) 东翼 C_{3-I} 组灰岩地下水位持续下降,表明其补给条件差,以消耗静储量。

因此,F_1 断层在东翼煤系地层中为阻水断层。

(4) 同时,F_1 断层在灰岩露头区,为导水断层,分析如下:

① F_1 断层西段(九东线以西)位于背斜灰岩露头区,切割深度大,断层下盘即本区奥灰、寒灰地层与上盘即潘三矿太灰、奥灰地层"对接",同时在背斜东部转折端切割太灰、奥灰地层。据潘三矿十线—十一线 5 孔太灰、奥灰和 F_1 断层混合抽水试验资料,单位涌水量为 0.153 L/(s·m)。

在放水试验阶段,潘三矿十线 C_3^{11}、十线 O_{2-1} 孔水位表现有较好响应关系,说明该断层不但导水,且与 DF_1 断层发生了水力联系。

② 通过连通试验,在十线 O_{2-2} 孔投放示踪剂,在 $WS_1C_{I-1}^{下}$ 孔检测到示踪剂,说明其为导水断层。

(二) DF_{13} 正断层

该断层落差为 $0\sim25$ m,走向为 EW,倾向为 N,倾角为 $70°$。

$KZ_{10补}$ 孔处在 F_1 断层(八线以东段)和 DF_{13} 断层所切割的区域内,西翼总放水和总恢复试验过程中,该孔水位持续下降,受东翼 ES_2 石门放水影响,呈直线型下降,即相邻块断地下水透过 DF_{13} 断层,补给到 ES_2 孔,使得 $KZ_{10补}$ 水位持续下降,为导水断层。

(三) DF_9 正断层

该断层落差为 $0\sim5$ m,走向为 EW,倾向为 N,倾角为 $60°$。

第六章 －490 m 水平 C_I 组灰岩水文地质条件

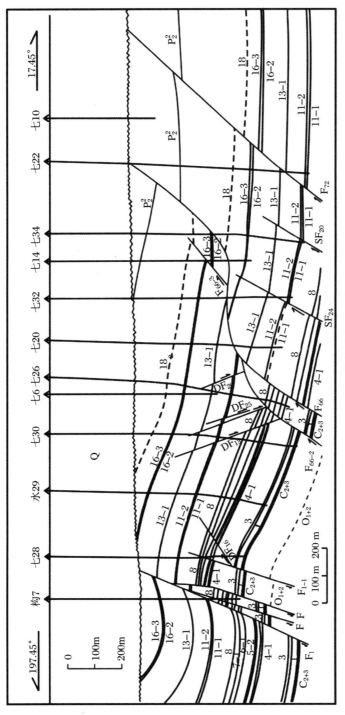

图 6-9 七线构造剖面示意图

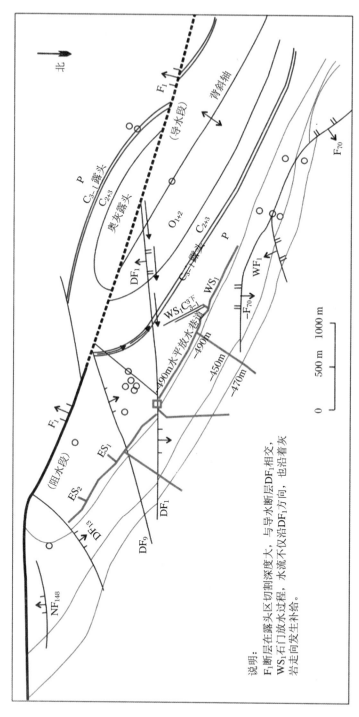

图 6-10 F_1 断层导、阻水性示意图

该断层为阻水断层,因为东翼 ES_2 石门放水过程中,其水量小,没有对此进行侧向补给。

综上所述,ES_1、ES_2 石门放水量小,且区块水位持续下降,说明补给条件差、富水性较差,因此 F_1 断层在煤系地层中为阻水断层,而 DF_{13} 断层具有一定的导水性。

二、DF_1、DF_{1-1} 与 F_{A-1} 断层

(一)DF_1 层

该断层落差为 0~20 m,走向为 SW,倾向为 NW,倾角为 60°,在 -490 m 以下为正断层,其以上为逆断层。

该断层较为复杂,对不同层位、不同段的含水层具有不同的导水、隔水性,分析如下:

(1)对于 C_I 组灰岩而言,为弱导水断层,证据如下:

本次试验前,该补水一线 C_{3-I} 孔水位陡降有两个时段:

① 2011 年 2 月 4 日至 2 月 20 日,水位标高由 -54.88 m 降至 -113.35 m,降深为 58.47 m,平均降深为 3.65 m/d,主要为受 2011 年 1 月 5 日至 1 月 10 日东翼 E_3 钻场中钻孔施工出水的影响。

② 2011 年 3 月 9 日至 5 月 10 日,水位由 -117.905 m 陡降至 -243.965 m,降深为 126.06 m,平均降深为 2.03 m/d,受东翼 E_1 钻场中钻孔、ES_1 石门西侧钻孔,西翼 W_5 钻场中钻孔和 WS_1 石门 $C_{3-1}^{3下}$ 孔在 2011 年 3 月至 4 月施工出水影响。由此可知:补水一线 C_{3-I} 孔水位变化主要受 DF_1 和 DF_{9-1} 断层间钻孔出水影响,而放水试验过程中,该孔水位出现滞后现象,可能接受下部奥灰和太灰水的补给。

(2)对于深部灰岩而言,具有导水性,证据如下:

① 放水试验过程中,补水 C_{3-II}、补水 C_{3-III} 以及补水一线 ε_3 孔水位响应快,不存在滞后现象。

② 补水一线 ε_3 孔连通试验、潘三矿十线 O_{2-2} 孔进行连通试验,也证明这一点。

(二)DF_{1-1} 正断层

断层落差为 0~8 m,走向为 SW60°,倾向为 NW30°,倾角为 60°。

(1)对奥灰为弱导水:证据为补水一线 O_{1+2} 孔受试验影响滞后时间长、降幅较小。

(2)C_{III}、C_{II} 为导水:对太灰中下段导水,该断层与 DF_1 断层的共同导水作用,引起补水一线 C_{3-III}、补水一线 C_{3-II} 孔水位快速下降,且成为降幅最大、水位标高最低的观测孔。

(3)C_I 组灰岩弱导水:该断层对 C_I 组灰岩弱导水,以致补水一线 C_{3-I} 孔受试验影响滞后时间较长。

(三) F_{a-1} 断层

走向为 NNE,倾角为 30°,落差为 6 m,对 C_{3-I} 组灰岩阻水。证据为 $KZ_{14补}$ 孔与补水一线 C_{3-I} 孔相距 208 m,水位高差为 178.28(9 月 19 日)~157.88 m(11 月 15 日)。

综上所述,补水一线附近 5 个水位观测孔和潘三矿的 3 个观测孔受(西翼总恢复和总放水)影响十分显著。

在第一、四阶段中,潘三矿十线 C_3^{11} 孔、十线 C_3^{11} 孔和十线 O_{2-1} 孔地面观测孔的上升和下降为等幅变化,推断 DF_1 断层穿过潘集背斜并向上延伸,与 F_1 断层相交,与潘三矿 3 个观测孔直接发生水力联系(表 6-6)。

表 6-6 第一、四阶段观测孔水位变化

钻孔名称	放水试验第一阶段			放水试验第四阶段		
	滞后时间 (h)	累计回升 (m)	平均日升幅 (m/d)	滞后时间 (h)	累计降深 (m)	平均日降幅 (m/d)
补水一线 C_{3-I}	15.0	15.58	1.20	4.0	25.59	1.71
补水一线 C_{3-II}	1.5	10.28	0.79	1.0	11.36	0.76
补水一线 C_{3-III}	1.0	9.96	0.77	0.5	10.98	0.73
补水一线 O_{1+2}	3.0	0.64	0.05	21.0	1.31	0.09
补水一线 ϵ_3	3.0	3.74	0.29	2.0	19.36	1.29
潘三矿十线 C_3^{11}	4.0	3.62	0.28	2.0	4.59	0.31
潘三矿十线 O_{2-1}	3.0	3.68	0.28	2.5	4.67	0.31
潘三矿十线 O_{2-2}	2.5	3.66	0.28	3.5	4.65	0.31

三、F_{70}、WF_1 断层

(一) F_{70} 逆断层

位于西辅二线-十一线,落差为 2~38 m,走向为 NW65°,倾向为 NE,倾角为 55~78°,走向长 2.8 km。

该断层对 C_I 组灰岩含水层的导阻水性受落差控制。在十线、十西线落差 7 m 左右,对 C_I 组灰岩具有弱阻水性,造成十西线 C_{3-I-2} 孔水位变化滞后时间长、降幅较小。西辅三线、十东线、西辅二线落差 13~36 m,断层上盘 C_I 组灰岩与下盘 1、3 煤对接,对 C_{3-I} 组灰岩阻水。

十西线 C_{3-I-1} 孔距放水孔较远,但水流速度和水位变化幅度均大于距放水孔较近的十线 C_{3-I-2} 孔,可能与 F_{70} 断层下盘 C_I 组灰岩构造裂较发育的非均匀性有关,可能存在着平行地层露头的灰岩裂隙或断层。

(二) WF_1 逆断层

断层落差为 15~22 m,走向为 EW,倾向为 S,倾角为 70°。

断层上盘 1、3 煤与下盘 C_I 组灰岩对接,对 C_I 组灰岩阻水,造成与十线 C_{3-I-2} 孔间距仅 95 m 的十线 C_{3-I-1} 孔水位变化存在滞后性。

(三) F_{70} 附近观测孔水位持续下降原因分析

位于 F_{70} 断层附近的十线和十西线 C_I 共有 5 个灰岩水文观测孔,其中 4 个为 C_I 灰岩观测孔,即十线 C_{3-I-2}、十线 C_{3-I-1}、十西线 C_{3-I-1} 和十西线 C_{3-I-2},1 个为 C_{3-II} 灰岩观测孔,即十线 C_{3-II} 孔。

在放水试验过程中,表现出异常特征,即十线 C_{3-I-2}、十西线 C_{3-I-1} 随着西翼巷道的总回复和放水过程,水位与放水量之间同步响应,而十线 C_{3-II} 孔、十线 C_{3-I-1} 孔在水位恢复阶段仍然呈现水位持续下降现象,以下从三个方面进行分析。

1. 流场分析

利用两个阶段的观测资料,通过流场变化趋势分析发现,在上述范围内因观测孔水位上存在差异。十线 C_{3-I-1} 孔、十线 C_{3-II} 孔的水位总是高于十线 C_{3-I-2} 孔的水位;而相邻的十西线 C_{3-I-2} 孔的水位高于十西线 C_{3-I-1}。早在放水试验前,已经形成了两个降落漏斗(图 6-11)。

在经过近 15 天的西翼水位总恢复阶段,该异常区仍然表现为上述特征(图 6-12)。

2. 水力梯度分析

由图 6-11、图 6-12 分析可知,在两个漏斗范围内,水力梯度差异较大。其中,十西线 C_{3-I-2} 孔、十西线 C_{3-I-1} 孔所在范围形成漏斗,其等水位线密度相对较稀,而十线 C_{3-I-1} 孔、十线 C_{3-II} 孔和十线 C_{3-I-2} 孔所在范围形成漏斗,其等水位线密度相对较密。

由此可知,十线附近水力梯度大于十西线。经过计算可知,十线附近孔的水力梯度为 0.305 8,而十西线附近的为 0.069 1。

3. 原因分析

从图 6-11、图 6-12 还可以看出,垂直勘探线方向的水力坡度值小,渗透性好,而平行于勘探线方向的水力坡度值大,渗透性相对较差。放水试验期间,十线 C_{3-II} 孔和十线 C_{3-I-1} 孔所在区段地下水流向十线 C_{3-I-2} 孔方向,反映了 F_{70} 断层在此附近有一定的阻水性。而 F_{70} 断层在十西线附近,十西线 C_{3-I-1} 孔与十西线 C_{3-I-2} 孔之间,水力梯度小于十线。因此,F_{70} 断层在该处的阻水性小于前者;再者,十线 C_{3-I-2} 孔水位在恢复和放水阶段都有一定的滞后响应过程,因而,进一步说明 F_{70} 断层表现为一定的阻水性。

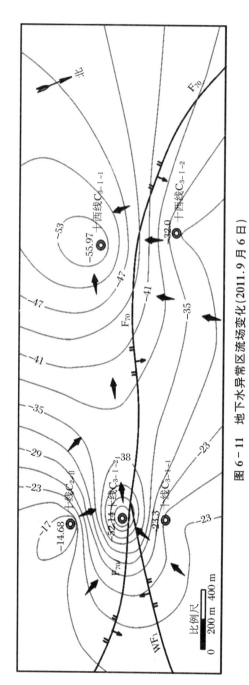

图 6-11 地下水异常区流场变化（2011.9月6日）

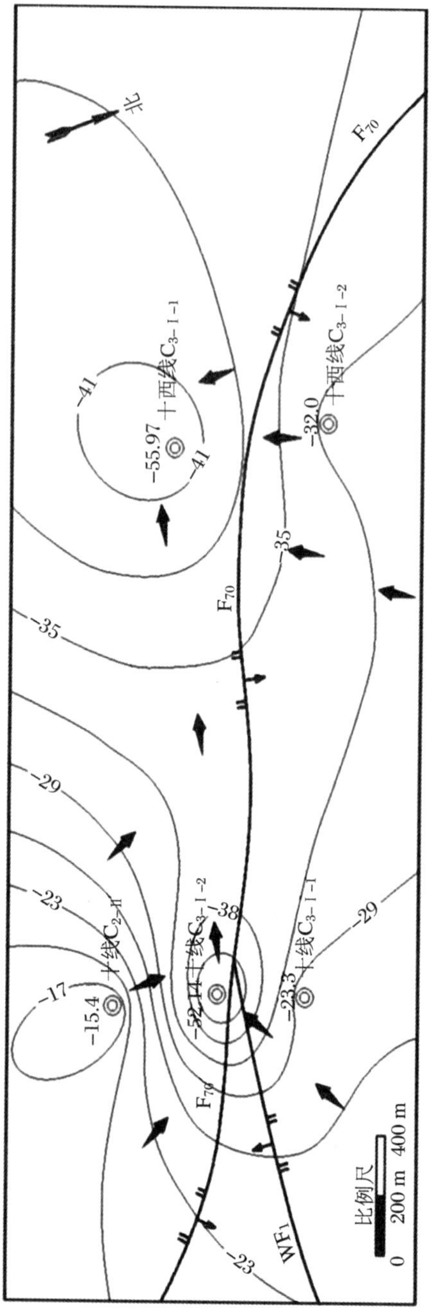

图 6-12 地下水异常区流场变化（2011年9月19日）

第五节　富水性特征

含水层的富水性,不仅取决于单孔放水量的大小与降深之间的关系,同时也可用单孔涌水量反映其补给和排泄的关系。

一、单位涌水量

单位涌水量是指水位下降一个单位时钻孔的出水量,其计算公式如下:

$$q = \frac{Q}{S}$$

式中:q 为单位涌水量,单位为 L/(m·s);Q 为疏放钻孔稳定涌水量,单位为 L/s;S 为相邻或疏放钻孔稳定水位降深,单位为 m。

根据《煤矿防治水规定》(2009 年),依钻孔单位涌水量大小,将含水层富水性分为成如表 6-7 所示的四个等级。

表 6-7　富水性分级

q(L/m·s)	$q \leqslant 0.1$	$0.1 < q \leqslant 1.0$	$1 < q \leqslant 5.0$	$q > 5.0$
富水性分级	弱富水性	中等富水性	强富水性	极强富水性

东翼以 DF_{9-1} 断层为界,分为东翼东段即 DF_{9-1} 断层以东,东翼西段即 DF_{9-1} 至 DF_1 断层之间。整个研究区的单位涌水量为 0.003 86~0.306 L/(m·s),其中,东翼为 0.003 86~0.015 4 L/(m·s),弱富水性;西翼为 0.120 4~0.306 L/(m·s),中等富水性,详见表 6-8。

表 6-8　块段单位涌水量

块段	东翼东段	东翼西段	西翼
q(L/m·s)	0.003 86	0.015 4	0.120 4~0.306

根据潘北矿灰岩勘探报告中抽水试验资料,本井田 C_1 组灰岩单位涌水量 q 为 0.000 06~0.002 65 L/(s·m),富水性弱,详见表 6-9。

表 6-9　钻孔单位涌水量统计

孔号	水四线12	475	476	补水一线 C_{3-I}	八西线 C_{3-I}	十线 C_{3-I-1}	十线 C_{3-I-2}	十西线 C_{3-I-1}	十西线 C_{3-I-2}
q(L/(m·s))	0.020 5	0.002 64	0.002 65	0.001 23	0.000 06	0.000 323	0.001 9	0.000 56	0.000 5

研究区灰岩含水层由于受到导水断层的控制,其水力联系在空间上差异性较大,其富水性在空间上呈现非均匀性。

总体为:① 东翼富水性弱,富水性由西向东逐渐具有减小趋势;② 西翼富水性相对较强,尤其是西部接近灰岩露头区范围。

二、水量变化

含水层的富水性也可以利用钻孔放水时出水量的大小,间接反映研究范围的富水性程度及边界的导、隔水性质。

(一)东翼

单孔涌水量为 $0.05 \sim 6.40 \text{ m}^3/\text{h}$。东翼涌水量总计为 $18.73 \sim 20.75 \text{ m}^3/\text{h}$,平均为 $19.74 \text{ m}^3/\text{h}$。总体上具有西段($DF_1$ 与 DF_{9-1} 断层之间)涌水量相对较大,向东变小的特征,具体如下:

(1) 东翼西段:$E_1 \sim E_3$ 钻窝钻孔涌水量最大,涌水量总计为 $13.25 \sim 15.11 \text{ m}^3/\text{h}$,平均为 $14.18 \text{ m}^3/\text{h}$,占东翼平均涌水量的 71.5%。其中,$DF_1$ 断层旁的 E_{1-3} 孔涌水量最大,为 $6.4 \text{ m}^3/\text{h}$。

(2) 东翼东段:DF_{9-1} 断层以东钻孔涌水量总计为 $2.55 \sim 5.64 \text{ m}^3/\text{h}$,平均为 $4.09 \text{ m}^3/\text{h}$,占东翼平均涌水量的 28.5%。其水量变化见图 6-13。

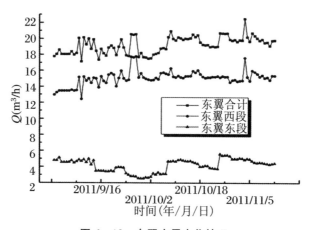

图 6-13 东翼水量变化情况

(3) 东翼石门:ES_1 和 ES_2 石门其钻孔位置离 F_1 断层较近,由于 F_1 在该段为阻水断层,ES_1 石门涌水量约为 $1.5 \text{ m}^3/\text{h}$,ES_2 石门涌水量总计为 $0.5 \sim 2.3 \text{ m}^3/\text{h}$(图 6-14),因此,接近 F_1 断层,其水量较小,间接证明 F_1 为阻水断层。

综上所述,将 -490 m 水平 C_{3-1} 组灰岩以 DF_1 断层为界分东、西两翼。其中,东翼以 DF_{9-1} 断层为界初步分为两个块断:① 东翼东段,即 DF_{9-1} 断层以东,弱富水性,单位涌水量为 0.003 86 L/(m·s),且 ES_1 和 ES_2 石门钻孔离阻水断层 F_1 较近,但其水量较小,进一步说明该块断富水性很弱。② 东翼西段,即 DF_{9-1} 至 DF_1 断层之间,富水性弱,单位涌水量为 0.015 4 L/(m·s)。

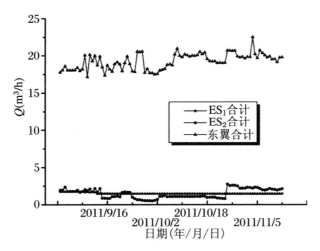

图 6-14　东翼 ES_1 和 ES_2 石门及东翼总水量变化

(二) 西翼

WS_1 石门内钻孔终孔位置距离潘集背斜灰岩露头区较近,涌水量较大,其水量为 108.32～174.98 m³/h。其他钻场钻孔离背斜较远,涌水量相对较小,水量共计为 28.67～90.68 m³/h,其变化如图 6-15 所示。

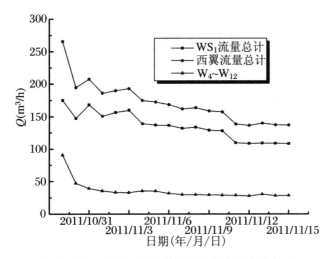

图 6-15　-490 m 西翼第四阶段灰岩涌水量变化

根据西翼井下水量变化情况,西翼以辅二线为界分为两个块断,其中:

(1) 西翼东段,即 DF_1 断层至辅二线间。富水性较强,单位涌水量为 0.120 4～0.306 L/(m·s),距离背斜轴较近的 WS 石门钻孔水量大,其富水性相对较强,距离背斜轴较远的各钻场出水量小,反映由露头向井田深部,其富水性逐渐减弱。

(2) 西翼西段,即辅二线以西。该段距离潘三背斜近,灰岩岩溶裂隙较发育。位于该块段内的十线 C_{3-I-2}、十西线 C_{3-I-1} 观测孔,放水试验过程中,响应速度快。表明该块段 C_{3-I} 组灰岩富水性较强,且径流通道发育。

综上,整个试验区,由东向西,富水性逐渐增大,西翼灰岩富水性具有由露头向深部逐渐减小的趋势。

第六节 区块划分

在整个放水试验过程中,西翼总涌水受放水不同钻孔位置的选择而存在差异性,西翼涌水量为 25～275 m³/h,受放水不同阶段而变化;东翼放水孔总涌水量变化幅度很小,稳定在 17.11～22.48 m³/h,平均为 19.21 m³/h,如图 6-16 所示。因此,可将整个研究区以 DF_1 断层为界线,分为东翼和西翼两个大的区块比较符合客观水文地质条件。

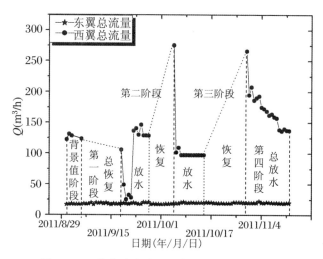

图 6-16 放水试验过程中东、西翼水量变化曲线

依据在放水试验不同阶段的观测孔水位(压)变化特点及断层导、阻水性综合分析,将东、西两翼区块进一步划分为四段,其划分依据为:① 涌水量大小;② 单位涌水量;③ 补给条件、径流条件;④ 裂隙及断层发育情况。

(1) 东翼东段:F_1 断层至 DF_9 断层之间,区内 $KZ_{10补}$ 孔和八西线 C_{3-I} 孔的水位基本不受西翼放水和恢复的影响。

(2) 东翼西段：DF_9 断层与 DF_1 断层之间，区内 KZ_{14} 孔的水位受西翼影响，但具有一定的滞后性。

(3) 西翼东段：DF_1 断层至西辅二线之间，该段灰岩富水性受 DF_1 断层控制和灰岩露头共同影响，其径流条件由 A 组煤层露头至 -490 m 放水巷逐渐变差，且富水性也具有类似的特点。

(4) 西翼西段：西辅二线以西，该段距离背斜灰岩露头较近，并与灰岩露头之间存在较密切的水力联系，煤层露头至 F_{70} 断层之间，其裂隙径流通道发育，富水性较好。

具体说明如图 6-17 所示。

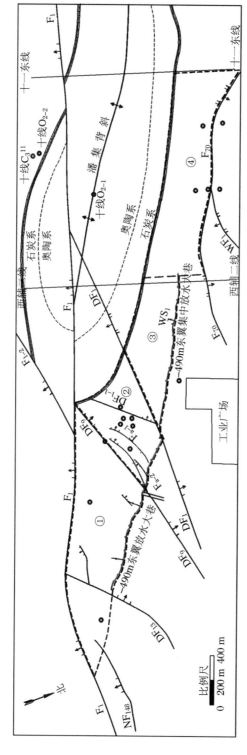

图 6-17 放水试验区-490 m 水平 C_{3-I} 组灰岩区块划分

① 东翼东段:DF_9 断层以东,区内灰岩含水层 $K=0.024\,3\sim0.042\,3$ m/d,$T=0.851\sim1.48$ m²/d,富水性弱,$q=0.003\,686$ L/(m·s),补给条件差。
② 东翼西段:DF_9 至 DF_1 断层之间,区内灰岩含水层 $K=0.023\,4$ m²/d,$T=0.819$ m²/d,但补水一线附件相对较好($K=0.697$ m/d,$T=24.4$ m²/d,富水性弱,$q=0.015\,4$ L/(m·s),该区块上段富水性相对较好,接受灰岩水及通过断层 DF_1、DF_{1-1} 发生补给。
③ 西翼东段:DF_1 断层至西辅二线之间,接受露头带灰岩水补给,区内含水层 $K=0.099\,4\sim1.30$ m/d,$T=3.4\sim45.5$ m²/d,富水性中等,$q=0.120\,4\sim0.306$ L/(m·s)。
④ 西翼西段:西辅二线以西,接受古沉积露头区灰岩水补给,构造裂隙发育,径流条件好,渗透性相对较好($K=0.518\sim0.821$ m/d,$T=3.82\sim32.8$ m²/d)。区内灰岩含水层富水性受潘集背斜灰岩露头影响,且离背斜灰岩露头越近,其径流条件越好,富水性越强。

第七章 水文地质参数计算

第一节 概　　述

潘集背斜北翼转折端位置,构造地质条件复杂,先期褶曲,使得在背斜轴及其两翼发育了不同尺度的裂隙,井田内由东向西发育了 F_1、DF_{13}、DF_9、DF_1、F_{70}、WF_1 等断层,这些断层裂隙不仅破坏了 C_I 组灰岩含水层的完整性,形成大小不同区块;同时也成为控制不同区块渗透性、贮水性及富水性的关键因素。

DF_1 试验区的东翼水压相对较低,水量小;而西翼水位(压)高,水量大。利用 -490 m 水平不同阶段放水试验数据,计算其参数,并为下一步数值模拟提供参考。

结合地质条件分析,利用放水试验第一阶段,即西翼 WS_1 石门两侧放水孔关闭,消除了对东翼干扰的影响,计算 DF_1 以东不同区块含水层参数。

利用第二阶段数据计算西石门东侧,并充分考虑了 DF_1~DF_9 之间距离 A 组煤层风氧化带及附近地下水位响应的幅度,计算对应观测孔范围内不同灰岩含水层参数。

利用同样方法,采用第三阶段观测资料计算 WS_1 石门以西区块含水层参数。

第二节　计 算 方 法

放水试验是在东翼正常放水干扰条件下进行的,是一次群孔多阶段非稳定放水过程,采用放水与恢复两个阶段试验相结合以及加密与非加密观测相结合的方法。

计算思路为:在第一阶段,东翼采用 E_1 钻窝各钻孔放水量,ES_2 石门各放水孔放水量,采用观测孔分别为补 KZ_{14}、E_{2-1}、补 KZ_{10} 以及八西线 C_{3-I};利用第二、三阶段 WS_1 石门东、西两侧放水,分别计算孔地面不同灰岩含水层观测孔以及井下测压孔,具体位置分布,如图 7-1 所示。

采用承压、非稳定方法,并考虑叠加等因素影响,应用 Theis 井流公式,分阶段计算不同区块含水层参数。本次试验采用疏放点稳定流量作为放水量,水位降幅较大孔作为观测孔。

根据疏放水试验数据资料,利用 Theis 非稳定流原理,运用 Aquifer Test 软件计算不同灰岩含水层水文地质参数,即采用放水试验阶段和水位恢复试验阶段的基础数据利用 Theis 配线法以及 Jacob 的直线图解法来求解含水层参数。

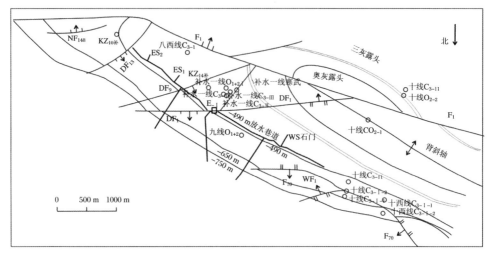

图 7-1 -490 m 水平放水试验水文地质参数计算点分布

一、放水试验阶段

(一) 配线法

对于承压含水层而言,根据非稳定流降深与流量关系计算参数,具体如下:

$$s = \frac{Q}{4\pi T} W(u) \qquad (7-1)$$

$$u = \frac{r^2 \mu^*}{4Tt} \qquad (7-2)$$

经变换为

$$\lg s = \lg \frac{Q}{4\pi T} + \lg W(u) \qquad (7-3)$$

$$\lg \frac{t}{r^2} = \lg \frac{4T}{\mu^*} + \lg \frac{1}{u} \qquad (7-4)$$

式中:S 为降深,单位为 L;Q 为流量,单位为 L^3/T;$W(u)$ 为井函数;r 为疏放点至观测点距离,单位为 L;μ^* 为储水系数;T 为导水系数,单位为 L^2/T;t 为时间,单位为 T。

可在双对数坐标纸内,作定流量疏放条件下的 $\lg s - \lg t$ 关系点(降深—时间法),

$\lg s - \lg \dfrac{t}{r^2}$（降深—时间/距离法）等曲线点。利用以上不同方法下的点变化趋势，与标准曲线 $W(u) - \dfrac{1}{u}$ 或 $W(u) - u$ 进行拟合，然后，选取最佳拟合点，读取该点的 4 个对应坐标值，分别求得导水系数（T）和储水系数（μ^*）。

（二）直线图解法

该方法是基于 $u \leqslant 0.01$ 时，将 Theis 公式进行简化，即用 Jacob 直线图解法来求得参数，其计算公式为

$$s = \dfrac{Q}{4\pi T} \ln \dfrac{2.25Tt}{r^2 \mu^*}$$

$$s = \dfrac{2.3Q}{4\pi T} \lg \dfrac{t}{r^2} + \dfrac{2.3Q}{4\pi T} \lg \dfrac{2.25T}{\mu^*} \tag{7-5}$$

式中，S 为降深，单位为 L；Q 为流量，单位为 L^3/T；$W(u)$ 为井函数；r 为放水点至观测井距离，单位为 L；μ^* 为储水系数；T 为导水系数，单位为 L^2/T；t 为时间，单位为 T。

式（7-5）中：$s - \lg \dfrac{t}{r^2}$ 是线性关系，其斜率为 $i = \dfrac{2.3Q}{4\pi T}$，获得参数 T，并得到 $\mu^* = 2.25T\left(\dfrac{t}{r^2}\right)$。

二、水位恢复阶段

井下放水孔关闭后进入整个含水层流场的恢复阶段，利用不同观测水位恢复数据，求得含水层参数。

在不考虑水位滞后影响因素情况下，当井下以流量 Q 持续放水，t_p 时刻停止放水，此时观测孔中水位开始恢复，恢复到时刻 t 时的剩余降深为 s'（即原始水位与关孔后某时刻水位之差），可看作以流量 Q 继续放水一直延续到 t 时刻的降深以及从关孔时刻起以流量 Q 进行注水（在 $t - t_p$ 时间内）的水位上升叠加，其计算公式为

$$s' = \dfrac{Q}{4\pi T}\left[W\left(\dfrac{r^2\mu^*}{4Tt}\right) - W\left(\dfrac{r^2\mu^*}{4Tt'}\right)\right] \tag{7-6}$$

式中：$t' = t - t_p$。当 $\dfrac{r^2\mu^*}{4t'} \leqslant 0.01$ 时，可简化为

$$s' = \dfrac{2.3Q}{4\pi T} \lg \dfrac{2.25T}{r^2\mu^*} - \dfrac{2.3Q}{4\pi T} \lg \dfrac{2.25Tt'}{r^2\mu^*} = \dfrac{2.3Q}{4\pi T} \lg \dfrac{t}{t'} \tag{7-7}$$

利用 Jacob 直线图解法以求得 T, μ^* 等参数。

三、群孔放水相互干扰下的含水层参数计算方法

井下群孔放水干扰下的非稳定流计算公式，是以泰斯理论为基础，利用叠加原理，

当存在多个相互干扰疏放点时,设某一时刻,受其影响的观测孔所产生的降深等于各疏放点单独疏放时对该点产生降深的总和。

设井下某一含水层中有 n 个疏放点均以定流量放水,各点疏放量为 $Q_1, Q_2, \cdots, Q_n$。可依据叠加原理,计算在以上 n 个放水点共同作用下,在某一时刻、某一观测点所产生的降深,其计算公式为

$$s(r,t) = \sum_{i=1}^{n} s_i = \frac{1}{4\pi T} \sum_{i=1}^{n} Q_i \frac{2.25 T t_i}{r_i^2 \mu^*} \quad (7-8)$$

式中:Q_i 为第 i 号点的疏放水量,单位为 L^3/T;S_i 为第 i 号点以 Q_i 单独疏放水在 t_i 时刻在该点处产生降深,单位为 L;t_i 为第 i 号点的疏放水持续时间,单位为 T;r_i 为第 i 号疏放点到某一观测点处的距离,单位为 L。

由于不同疏放点对某一观测点产生互相干扰,根据放水试验资料,计算含水层参数(T)和储水系数(μ^*)。将上式两边除以疏放水量之和 $\sum_{i=1}^{n} Q_i$,得:

$$\frac{s}{\sum_{i=1}^{n} Q_i} = \frac{2.3}{4\pi T} \frac{\sum_{i=1}^{n} Q_i \lg \frac{2.25 T t_i}{r_i^2 \mu^*}}{\sum_{i=1}^{n} Q_i} \quad (7-9)$$

在半对数纸上作出 $\dfrac{s}{\sum_{i=1}^{n} Q_i} \sim t$ 曲线,用直线图解法求得

$$T = \frac{2.3}{4\pi i} \quad (7-10)$$

$$u^* = \frac{2.25 \overline{t_0}}{\overline{r^2}} \quad (7-11)$$

第三节 东翼区块水文地质参数计算

一、背景分析

自 2009 年 12 月 27 日 -490 m 水平 WH_1、WH_2 孔终孔后,C_I 组灰岩开始放水至今已历时 21 个月。随着井下灰岩放水孔施工数量不断增多,特别是 WS_1 石门 $C_{I-2补}^{3下}$ 孔和 $C_{I-1}^{3上}$ 孔先后于 2011 年 4 月 28 日和 2011 年 6 月 28 日共放水达 80 m³/h 后,C_I 组灰岩总出水量不断增大,引起各灰岩含水层之间的水位呈现非稳定、非等幅持续下降现象。

本次选择在-490 m水平西翼（DF_9断层以西）进行放水试验阶段数据进行参数计算。在东翼保持正常疏放水条件下，整个放水试验阶段历经77天（2011年9月6号至2011年11月15日），共分四个阶段。通过恢复—放水—恢复—放水等多阶段试验，结果发现，就整个C_I灰岩含水层试验区而言，可以DF_1断层为界，划分为东翼和西翼两个大区块。当东翼处于持续放水状态时，西翼在放水和恢复期间对东翼水（位）压影响较小。在该区块内，由东向西，水量有逐渐增大趋势，水压初始高，随放水时间延续而降低。结合区块构造地质条件，以-490 m为界，向南至露头，以断层为分界，将区块分为$F_1 \sim DF_{13}$、$DF_{13} \sim DF_9$、$DF_9 \sim DF_1$三个小区块。

二、计算时段及孔位的选择

东翼的水文地质参数计算，是以第一阶段西翼关孔实施水位总恢复，而东翼保持放水条件下进行的，并在本阶段试验，因断层控制作用，忽略了西翼放水对东翼的干扰影响。按照不同等级加密观测要求，获得了西翼关孔后水量、水压、水位等系列数据，其阶段恢复观测资料表明：西翼关孔对东翼水位的波动影响较小，东翼水位持续下降，是与C_I组灰岩出水量（18.73~20.75 m^3/h，平均为19.82 m^3/h）密切相关的。为此，选取合适的水位观测点及其影响疏放点（出水量相对较大，观测孔对井下疏放点响应较大的孔）进行参数计算。其中，E_1钻场3个钻孔出水量较大，E_2钻场有E_{2-3}孔，由于这些放水孔较集中，可概化为一个等效放水点，受其影响显著的观测孔有$KZ_{14补}$、E_{2-1}。同理，将ES_2的出水量概化集中为放水点，受其影响的有$KZ_{10补}$及八西线C_{3-I}孔两个观测孔。

三、结果计算

依放水孔和观测孔的观测数据资料，利用配线方法计算，获得不同区块含水层水文地质参数，如表7-1所示。

表7-1 东翼部分区块水文地质参数计算结果

放水孔	参数 观测孔	导水系数 $T(m^2/d)$	贮水系数 μ^*	渗透系数 $K(m/d)$
E_1	E_{2-1}	0.46	1.47×10^{-3}	0.023 4
ES_2	$KZ_{10补}$	0.48	5.05×10^{-4}	0.024 3
	八西线C_{3-I}	0.83	1.24×10^{-4}	0.042 3

第四节 西翼区块水文地质参数计算

一、背景分析

研究区 4 个阶段放水试验观测资料系统分析表明:东翼放水过程中对西翼区块水位变化影响小,当在计算该区块水文地质参数时,可忽略其疏放水过程对西翼水位干扰影响。西翼井下各孔水压升降变化主要随 WS_1 石门放水量大小而表现出不同特点,多数具有滞后性。

根据井上下观测孔水位(压)变化受放水量大小的影响,以 WS_1 石门为界将西翼区块分为东、西两个区块,利用第二、三阶段观测资料分块计算水文地质参数,避免以减少群孔放水对观测孔水位的影响。

二、计算时段及孔位的选择

西翼 WS_1 石门东侧 WS_1 放水试验(放水孔为 $WS_1C_{I-1}^{3上}$、$WS_1C_{I-1}^{3下}$ 和 W_{9-2}),持续 10 天,放水量为 116.09~126.09 m³/h,平均为 121.35 m³/h,利用等效概化方法,将西翼三灰石门东侧 3 个放水孔概化为一个放水点,在其放水过程中,受其影响的观测孔有:补水一线 C_{3-I}、补水一线 C_{3-II}、补水一线 C_{3-III}、W_{8-2}、$WS_1C_{I-2}^{3上}$、$WS_1C_{I-2}^{3下}$、$WS_1C_{I-4}^{3下}$、$WS_1C_{I-5}^{3下}$ 以及九线 O_{1+2} 等,在该阶段其水位(压)变化幅度大,可选择计算水文地质参数,其他孔水位(压)虽然有变化,但相对于以上孔而言,其水位(压)影响较小,故不采用。

在 WS_1 石门西侧放水阶段,试验放水孔为 $C_{I-2}^{3上}$、$C_{I-2补}^{3下}$、$C_{I-4}^{3下}$,持续 11 天,稳定涌水量为 91.92 m³/h,将西翼三灰石门西侧 3 个放水孔概化为一个放水点,由于补水一线 C_{3-I}、十线 C_{3-I-2}、十西线 C_{3-I-1}、潘三矿十线 C_{3-II} 孔水位具有放水时下降、恢复时回升的对应变化且幅度较大,位于 F_{70} 和 WF_1 断层上盘的十线 C_{3-I-1} 孔和位于 F_{70} 断层下盘的十西线 C_{3-I-2} 孔水位存在滞后现象,仍处于恢复回升状态,但自 10 月 22 日和 20 日起,该孔回升幅度增大,受到了本阶段恢复试验的影响。

此外,对 W_4 孔附近区块参数计算,采用第四阶段的观测数据计算,其参数值为: $T = 2.88 \text{ m}^2/\text{d}, \mu^* = 1.82 \times 10^{-5}, K = 0.146 \text{ m/d}$。

三、结果计算

根据以上水文地质条件分析,西翼区块含水层参数的计算方法与东翼计算方法相类似,即用第二、三阶段的数据,求得水文地质参数,如表7-2、表7-3所示。

表7-2 西翼 WS_1 石门东侧相关水文地质参数计算

参数 \ 孔号	补水一线 C_{3-I}	$WS_1 C_{3-2}^{3上}$	$WS_1 C_{3-2}^{3下}$	$W_{10-1补}$
$T(m^2/d)$	13.74	9.01	5.68	3.51
μ^*	9.36×10^{-5}	3.21×10^{-4}	1.57×10^{-4}	7.52×10^{-4}
$K(m/d)$	0.697	0.457	0.288	0.178

参数 \ 孔号	$WS_1 C_{3-4}^{3下}$	$WS_1 C_{3-5}^{3下}$	W_{8-2}	
$T(m^2/d)$	8.60	11.34	1.86	
μ^*	1.93×10^{-4}	3.77×10^{-4}	1.19×10^{-7}	
$K(m/d)$	0.436	0.575	0.0944	

表7-3 西翼 WS_1 石门西侧相关水文地质参数计算

参数 \ 孔号	十西线 C_{3-I-1}	十线 C_{3-I-2}	$WS_1 C_{3-1}^{3上}$	$WS_1 C_{3-5}^{3下}$	W_{9-2}
$T(m^2/d)$	16.19	13.82	25.64	12.01	14.77
μ^*	4.61×10^{-9}	1.07×10^{-8}	1.75×10^{-6}	7.45×10^{-6}	2.10×10^{-5}
$K(m/d)$	0.821	0.701	1.3	0.609	0.749

参数 \ 孔号	W_{10-1}	W_{10-2}	W_{10-3}	$W_{11-1补}$	$W_{10-1补}$
$T(m^2/d)$	3.63	3.71	6.74	13.47	1.02
μ^*	2.30×10^{-6}	3.82×10^{-9}	1.79×10^{-4}	2.47×10^{-6}	2.41×10^{-4}
$K(m/d)$	0.184	0.188	0.342	0.683	0.0518

第五节 水文地质参数分区

利用放水试验的数据,通过解析方法,分别得到东翼与西翼不同区块放水点与观测孔孔范围内的水文地质参数,并结合水文地质条件分析,将研究区进一步划分为五个水文地质区块,如图7-2所示,其对应的参数值如表7-4所示。

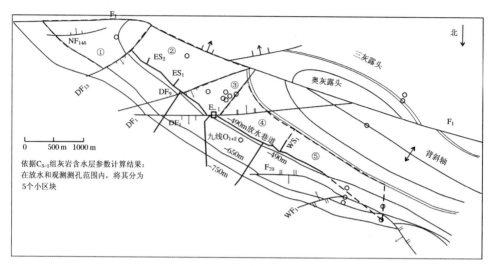

图 7-2 不同区块参数计算分区

表 7-4 不同区块参数计算分区值

参数 区块编号	导水系数 $T(m^2/d)$	渗透系数 $K(m/d)$	储水系数	单位涌水量 $(L/(s·m))$	富水性 分析
1	0.48	0.024 3	$5.05×10^{-4}$	—	弱
2	0.83	0.042 3	$1.24×10^{-5}$	0.003 86	弱
3	0.46～13.74	0.023 4～0.697	$9.36×10^{-5}$～ $1.47×10^{-3}$	0.015 4	弱-中等
4	1.86～25.64	0.094 4～1.3	$1.19×10^{-7}$～ $2.10×10^{-5}$	0.120 4～0.306	中等
5	1.02～16.19	0.051 8～0.821	$4.61×10^{-9}$～ $3.21×10^{-4}$	0.24	中等

第八章　试验区 C_I 组灰岩地下水数值模拟

第一节　三维地下水流有限差分基本原理及方法

求解地下水流场变化方法很多,解析法可以用函数表达式获得所求未知量(如水头、浓度等)在含水层内任意时刻、任意点上的值。但它仅适应于边界条件简单、均质各向同性的含水层,而实际地下含水层系统较为复杂,如边界形状不规则,多含水层系统,为非均质、各向异性,且含水层厚度起伏变化等。就一个描述实际地下水系统的数学模型而言,难以获得这种复杂条件下的解析解,而数值方法成为上述条件一种最有效求解方法。由于采用了与空间状态有关的分布式参数数学模型,它不仅能较真实地描述含水层模型各种特征,且能够解决各种复杂水文地质条件下煤矿灰岩含水层放水试验及突水问题。

本次采用 Visual MODFLOW 地下水科学计算软件,利用放水试验过程资料,模拟 A 组煤层底板 C_I 组灰岩含水层流场变化特征。Visual MODFLOW 是由加拿大 Waterloo 水文地质公司在原 MODFLOW 软件基础上,应用现代可视化技术开发研制的。它采用有限差分方法解决地下水流在多空介质中运动的数值模问题。该软件由 MODFLOW(水流评价)、MODPATH(平面和剖面流线示踪分析)和 MT3D(溶质运移评价)等组成。它不仅具有强大的图形可视界面功能,而且具有水的质点向前(向后)示踪流线模拟、任意区域水均衡、数值模拟数据前处理和后处理等功能。

Visual MODFLOW 的优点特点:首先是系统化和可视化,它将数值模拟评价过程中的各个步骤有机地连接起来,从数学建模到各类水文地质参数和几何参数的输入或修改,最终到模型参数的识别与验证,直至显示输出结果等;其次,它还兼容地理信息系统(GIS)的输出数据文件和各种图形文件格式,充分发挥 GIS 技术在数值模拟评价中的重要功能。

大量实践表明:只要建立符合实际水文地质条件的物理和数学模型,并进行合理运用,能够模拟分析矿山生产中出现的地下水流在裂隙介质中流动的问题。因此,可应用该软件求解矿山地下水水文地质参数,模拟井下放水过程中水位及水量变化关系,来计算在安全突水系数条件下的井下放水量,从而为煤矿安全开采提供技术保障。

第二节　水文地质概念模型

水文地质概念模型是一个水文地质单元或一个地下水系统的水文地质条件的综合反映,它为建立一定水文地质条件下的数学模型提供了直观的依据。数学模型是用数学形式表达水文地质概念的模型,它通过对水文地质条件的深入分析与研究,获得对研究区水文地质特征认识。数学模型与水文地质概念模型相辅相成。对水文地质条件高度概化,不仅需要有正确的勘探方法,而且更需要勘探工程实践,提供翔实可靠的试验数据,对研究区水文地质条件反复认识,从而为确保模型建立的可靠性奠定基础。

潘北矿灰岩水文地质概念模型是在分析矿区水文地质条件基础上,概化了模拟试验区地下水流动特征,其内容包括:模拟区范围、含水层结构、边界条件及补、排项等。利用放水试验不同阶段的分析研究成果,通过对含水层作系统深入的分析与研究,建立符合客观 C_I 组灰岩含水层的水文地质概念模型,为矿井涌水量预测奠定了坚实的基础。

一、模拟区范围

根据未来 A 组煤层生产防治水要求,在全面分析潘北矿水文地质条件和放水过程地下水流场变化特征的基础上,充分利用现有观测孔的资料,选择合理的模拟计算范围,即北部以 A 组煤层底板 -750 m 等值线为界,东部和南部以 F_1 断层为界,西部以灰岩隐伏露头为界,研究区东西长约 6.4 km,南北宽 1.7 km,面积约为 9.0 km^2。

二、含水层结构概化

模拟计算目的层为太原组 C_I 组灰岩含水层,包括 1~4 层灰岩,厚度平均为 33.2 m。其中,第一、二层石灰岩厚度薄,第三、四层石灰岩厚度较大,且岩溶裂隙发育。对以上各层灰岩采用等效概化方法,将其视为等效含水层。由于该含水层为非均质、各向异性,利用差分方法,将研究区离散化成若干个计算单元,每个单元可视为均质含水层。

C_I 组灰岩含水层概化后,具有以下特点:

(1) 由于整个含水层系统的参数随空间呈现非均质,且为各向异性,将其概化为具有单层结构的非均质、各向异性的含水系统。

(2) 地下水系统输入、输出随时间变化,为非稳定流场。

(3) 利用等效方法,将 1~4 层灰岩作为一个整体考虑,为岩溶裂隙流系统。
(4) 区内含水层厚度分布较稳定,地下水流动呈层流,且具有达西流性质。

三、补给、排泄项

由于在 A 组煤层和 C_I 组灰岩露头上覆盖一定厚度的新生界底部松黏土隔水层,C_I 组灰岩含水层不与新生界松散含水层发生水力联系;A 组煤层底板 1~4 层灰岩含水层的补给主要来自于灰岩露头区侧向补给,以及通过断层通道,来自下部奥灰和寒武系灰岩含水层补给,排泄为井下放水。

四、边界条件

依试验区内断层的导、隔水性和含水层结构特点,1~4 层灰岩东部露头区为隔水边界,下部为弱补给边界;东部和南部 F_1 断层到灰岩露头处均为隔水边界,西部灰岩隐伏露头区为补给边界;北部 -750 m 开采水平等值线边界为流量补给边界。据此,将 C_I 组含水层概化为上部隔水,下部弱透水,四周为总水头边界(GHB)、中间通过断层控制的非均质、各向异性的三维承压非稳定流地下水流模型。

第三节 数学模型及求解方法

一、数学模型

数学模型是建立在对水文地质概念模型基础之上的,它是描述实际地下水流在时空上的运动变化规律。数学模型是由描述这类地下水运动规律偏微分方程及其相应定解条件(初始条件和边界条件)构成的。

通过对潘北矿 A 组煤层 C_I 灰岩底板灰岩文地质条件进行反复分析,建立与之相适应的水文地质概念模型。在此基础上,利用水均衡原理及达西定律,建立了与之相对应的三维非稳定流数学模型,即

$$\begin{cases} \frac{\partial}{\partial x}(k_{xx}\frac{\partial H}{\partial x}) + \frac{\partial}{\partial y}(k_{yy}\frac{\partial H}{\partial y}) + \frac{\partial}{\partial z}(k_{zz}\frac{\partial H}{\partial z}) - w = S_s\frac{\partial H}{\partial t} \\ (x,y,z) \in \Omega \\ H(x,y,z,0) = H_0(x,y,z) \quad (x,y,z) \in \Omega \\ H(x,y,z,t)|_{\Gamma_1} = H(x,y,z) \quad (x,y,z) \in \Gamma_1 \end{cases} \quad (8-1)$$

式中：k_{xx},k_{yy},k_{zz} 分别为 x,y,z 轴上的渗透系数（m/d）；H,H_0 分别为地下水水头标高和初始水头标高（m）；w 为源、汇项（1/d）；S_s 为多孔介质的弹性释水率（1/m）；t 为时间（d）；Γ_1 为一类边界；Ω 为计算区域。

二、求解方法

（一）三维含水层离散

三维含水层划分为 k 层，每一层又分为 i 行和 j 列，这样，含水层就由许多被剖分成小长方体的单元表示。这些小长方体称之为格点，它的位置用所在的行号（i）、列号（j）和层号（k）表示，其中，$i=1,2,\cdots,n;j=1,2,\cdots,n;k=1,2,\cdots,n$。在 MODFLOW 中，第一层（$k=1$）规定为顶层，$k$ 值随高程的降低而增加；规定行与 x 轴平行，列与 y 轴平行，而且行与列正交。某列 j 中一个格点沿行方向上的宽度为 Δr_j，某行 i 中一格点沿列方向上的宽度为 Δc_i，层 k 中格点的厚度为 Δv_k，格点（i,j,k）的体积即为 $\Delta c_i \cdot \Delta r_j \cdot \Delta v_k$。格点的中心位置称为节点，节点的水头代表该格点的水头。MODFLOW 采用格点中心法，即渗透边界总是位于计算单元的边线上。由于所计算的水头值是空间和时间的函数，故将含水层进行空间离散的同时（图 8-1），计算非稳定流时对时间也要进行离散。

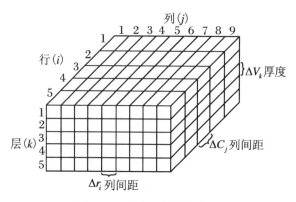

图 8-1 含水层的空间离散

（二）建立有限差分方程

由地下水连续性原理可知，流入与流出某个计算单元的水流之差应等于该单元水体积的变化量（图 8-2、图 8-3），当地下水密度不变时，方程可表示为

$$\sum Q_i = S_s \frac{\Delta h}{\Delta t} \cdot \Delta v \tag{8-2}$$

式中：Q_i 为单位时间内流进或流出该计算单元的水量（L^3/T）；S_s 为贮水率（L^{-1}）；Δv 为单元体积（L^3）；Δh 为 Δt 时间内水体积的变化量（L）。

式(8-2)反映了单位时间内,水头变化为 Δh 时含水层水体积的变化量。流入量大于流出量时引起水量的贮存而增加;反之,引起水量的释放而减少。

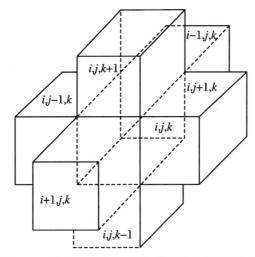

图8-2 计算单元(i,j,k)和其相邻6个计算单元

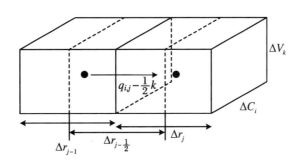

图8-3 从计算单元$(i,j-1,k)$到计算单元(i,j,k)的流量

依据达西定律,沿行方向上计算单元$(i,j-1,k)$到计算单元(i,j,k)的流量为

$$q_{i,j-\frac{1}{2},k} = KR_{i,j-\frac{1}{2},k}\Delta c_i \Delta v_k \frac{h_{i,j-1,k}-h_{i,j,k}}{\Delta r_{j-\frac{1}{2}}} \tag{8-3}$$

同理,其他5个面上的地下水流量也可以按照推导为

$$q_{i+\frac{1}{2},j,k} = KC_{i+\frac{1}{2},j,k}\Delta r_j \Delta v_k \frac{h_{i+1,j,k}-h_{i,j,k}}{\Delta c_{i+\frac{1}{2}}} \tag{8-4}$$

$$q_{i-\frac{1}{2},j,k} = KC_{i-\frac{1}{2},j,k}\Delta r_j \Delta v_k \frac{h_{i-1,j,k}-h_{i,j,k}}{\Delta c_{i-\frac{1}{2}}} \tag{8-5}$$

$$q_{i,j+\frac{1}{2},k} = KR_{i,j+\frac{1}{2},k}\Delta c_i \Delta v_k \frac{h_{i,j+1,k}-h_{i,j,k}}{\Delta r_{j+\frac{1}{2}}} \tag{8-6}$$

$$q_{i,j,k+\frac{1}{2}} = KV_{i,j,k+\frac{1}{2}}\Delta r_j \Delta c_k \frac{h_{i,j,k+1}-h_{i,j,k}}{\Delta v_{k+\frac{1}{2}}} \tag{8-7}$$

$$q_{i,j,k-\frac{1}{2}} = KV_{i,j,k-\frac{1}{2}} \Delta r_j \Delta c_k \frac{h_{i,j,k-1} - h_{i,j,k}}{\Delta v_{k-\frac{1}{2}}} \qquad (8-8)$$

方程(8-4)~方程(8-8)分别表示以水头、网格长度、渗透系数为表达形式的从单元(i,j,k)6个面上进入的水量。将网格长度、渗透系数的乘积合并为一个变量,称为水力传导系数,则有

$$q_{i,j-\frac{1}{2},k} = CR_{i,j-\frac{1}{2},k}(h_{i,j-1,k} - h_{i,j,k}) \qquad (8-9)$$

$$q_{i,j+\frac{1}{2},k} = CR_{i,j+\frac{1}{2},k}(h_{i,j-1,k} - h_{i,j,k}) \qquad (8-10)$$

$$q_{i-\frac{1}{2},j,k} = CC_{i-\frac{1}{2},j,k}(h_{i-1,j,k} - h_{i,j,k}) \qquad (8-11)$$

$$q_{i+\frac{1}{2},j,k} = CC_{i+\frac{1}{2},j,k}(h_{i-1,j,k} - h_{i,j,k}) \qquad (8-12)$$

$$q_{i,j,k-\frac{1}{2}} = CV_{i,j,k-\frac{1}{2}}(h_{i,j,k-1} - h_{i,j,k}) \qquad (8-13)$$

$$q_{i,j,k+\frac{1}{2}} = CV_{i,j,k+\frac{1}{2}}(h_{i,j,k+1} - h_{i,j,k}) \qquad (8-14)$$

$$a_{i,j,k,n} = p_{i,j,k,n}h_{i,j,k} + q_{i,j,k,n} \qquad (8-15)$$

式中:$a_{i,j,k,n}$表示第n个外部水源流向单元(i,j,k)的水量;$p_{i,j,k,n}$,$q_{i,j,k,n}$为常量。

为了计算外部与含水层的交换量,如井下疏放水等,需要另外的形式表示,如果有n个外部水源,总补给量方程为

$$QS_{i,j,k} = \sum_{n=1}^{N} p_{i,j,k,n}h_{i,j,k} + \sum_{n=1}^{K} q_{i,j,k} \qquad (8-16)$$

将水均衡原理运用于单元(i,j,k)中,计算从单元相邻6个面进入的水量及外部水源补给量,则有

$$q_{i,j-\frac{1}{2},k} + q_{i,j+\frac{1}{2},k} + q_{i-\frac{1}{2},k} + q_{i+\frac{1}{2},k} + q_{i,j,k-\frac{1}{2}} + q_{i,j,k+\frac{1}{2}} + QS_{i,j,k}$$
$$= S_{S_{i,j,k}} \frac{\Delta h_{i,j,k}}{\Delta t} \Delta r_j \Delta c_i \Delta v_k \qquad (8-17)$$

式中:$\frac{\Delta h_{i,j,k}}{\Delta t}$为水头对于时间的偏导数之差分近似表达式(单位:L·T^{-1});$S_{S_{i,j,k}}$为计算单元的贮水率(单位:L^{-1});$\Delta r_j \Delta c_i \Delta v_k$为计算单元的体积(单位:L^3)。

将公式(8-9)至公式(8-16)代入公式(8-16)中得计算单元(i,j,k)的地下水渗流计算的有限差分计算公式:

$$CR_{i,j-\frac{1}{2},k}(h_{i,j-1,k} - h_{i,j,k}) + CR_{i,j+\frac{1}{2},k}(h_{i,j+1,k} - h_{i,j,k})$$
$$+ CC_{i-\frac{1}{2},j,k}(h_{i-1,j,k} - h_{i,j,k}) + CC_{i+\frac{1}{2},j,k}(h_{i+1,j,k} - h_{i,j,k})$$
$$+ CV_{i,j,k-\frac{1}{2}}(h_{i,j,k-1} - h_{i,j,k}) + CV_{i,j,k+\frac{1}{2}}(h_{i,j,k+1} - h_{i,j,k})$$
$$+ P_{i,j,k}h_{i,j,k} + Q_{i,j,k} = S_{S_{i,j,k}}(\Delta r_i \Delta c_j \Delta v_k)\frac{\Delta h_{i,j,k}}{\Delta t} \qquad (8-18)$$

图8-4表示计算单元水头值$h_{i,j,k}$随时间的变化曲线,任选两时刻点t_{m-1},t_m对应的水头值为$h_{i,j,k}^{m-1}$和$h_{i,j,k}^{m}$,依照有限差分计算方法,得到水头对时间的偏导数用

差商(后差方法)近似表示为

$$\left(\frac{\Delta h_{i,j,k}}{\Delta t}\right)_m \approx \frac{h_{i,j,k}^m - h_{i,j,k}^{m-1}}{t_m - t_{m-1}}$$

式中：t_m 为时间段 m 结束时间；$h_{i,j,k}^m$ 为时间 t_m 时计算单元 (i,j,k) 的水头。

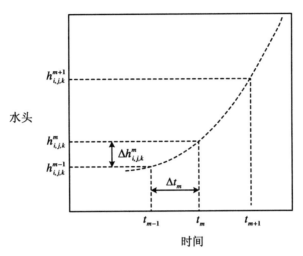

图 8-4　计算单元 (i,j,k) 水头随时间变化

利用后差方法，公式(7-17)可表示为

$$\begin{aligned}
& CR_{i,j-\frac{1}{2},k}(h_{i,j-1,k}^m - h_{i,j,k}^m) + CR_{i,j+\frac{1}{2},k}(h_{i,j+1,k}^m - h_{i,j,k}^m) \\
& + CC_{i-\frac{1}{2},j,k}(h_{i-1,k+1}^m - h_{i,j,k}^m) + CC_{i+\frac{1}{2},j,k}(h_{i+1,j,k}^m - h_{i,j,k}^m) \\
& + CV_{i,j,k-\frac{1}{2}}(h_{i,j,k-1}^m - h_{i,j,k}^m) + CV_{i,j,k+\frac{1}{2}}(h_{i,j,k+1}^m - h_{i,j,k}^m) \\
& + P_{i,j,k}h_{i,j,k}^m + Q_{i,j,k} = S_{S_{i,j,k}}(\Delta r_i \Delta c_j \Delta v_k)\frac{h_{i,j,k}^m - h_{i,j,k}^{m-1}}{t_m - t_{m-1}}
\end{aligned} \quad (8-19)$$

式(8-19)可以用来对描述地下水三维空间流动的偏微分方程进行数值求解。

(三) 差分方程的求解方法

方程(8-19)不能独立求解，因为它不仅含有计算单元 (i,j,k) 的水头值，还包含与其相邻的 6 个计算单元的水头值。网格中每个单元都可以写出这种形式的方程，因而每个单元只有一个未知水头，假如有 n 个单元，就可以得到对应的含 n 个未知数方程组。加上初始水头、边界条件、源汇项条件以及水文地质参数，就可以得到方程组的解。

将方程(8-19)简化后得如式(8-20)形式的方程：

$$\begin{aligned}
& CV_{i,j,k-\frac{1}{2}}h_{i,j,k-1}^m + CC_{i-\frac{1}{2},j,k}h_{i-1,j,k}^m + CR_{i,j-\frac{1}{2},k}h_{i,j-1,k}^m - (CV_{i,j,k-\frac{1}{2}} \\
& + CC_{i-\frac{1}{2},j,k} + CR_{i,j-\frac{1}{2},k} + CR_{i,j+\frac{1}{2},k} + CC_{i+\frac{1}{2},k} \\
& - CV_{i,j,k+\frac{1}{2}} - HCOF_{i,j,k})h_{i,j,k}^m + CR_{i,j+\frac{1}{2},k}h_{i,j+1,k}^m \\
& + CC_{i+\frac{1}{2},j,k}h_{i+1,j,k}^m + CV_{i,j,k+\frac{1}{2}}h_{i,j,k+1}^m = RHS_{i,j,k}
\end{aligned} \quad (8-20)$$

式中：

$$HCOF_{i,j,k} = P_{i,j,k} - \frac{SCI}{t_m - t_{m-1}}$$

$$RHS_{i,j,k} = -Q_{i,j,k} - \frac{SCI_{i,j,k} h_{i,j,k}^{m-1}}{t_m - t_{m-1}}$$

$$SCI_{i,j,k} = S_{S_{i,j,k}} \Delta r_j \Delta c_i \Delta v_k$$

$$P_{i,j,k} = \sum_{n=1}^{N} p_{i,j,k,n}$$

$$Q_{i,j,k} = \sum_{n=1}^{N} q_{i,j,k,n}$$

对于方程(8-20)，将模拟时段末的水头项移到方程的左边，与之无关的项放在方程的右边，最终形成的变水头的单元方程可用矩阵形式表示：

$$[A]\{h\} = \{q\} \tag{8-21}$$

式中：$[A]$ 为网格所有节点的水头系数矩阵；$\{h\}$ 为网格所有节点的在第 m 时段的水头向量；$\{q\}$ 为网格所有节点常量 RHS 向量。

通过对 n 元线性方程组联立求解，得出第 m 时段的任意单元的水头值，计算流程如图 8-5 所示。

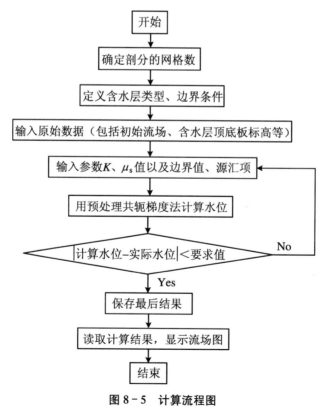

图 8-5　计算流程图

第四节 模型划分

一、模型划分

依据1~4层灰岩含水层的厚度变化特征以及含水层内部结构特点,并考虑其水位动态变化情况,对研究区进行了三维剖分。研究区南北长1 700 m,东西宽6 400 m,平面上剖分为300行、300列,共计90 000个单元格,剖分结果如图8-6、图8-7所示,图中白色网格为有效单元格,其他网格为无效单元格。

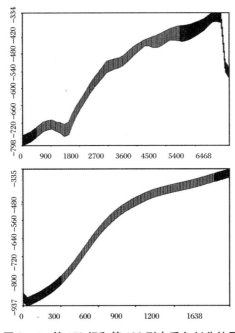

图8-6 第159行和第128列在垂向剖分结果

二、模型参数分区

通过第五章、第六章对研究区内放水试验资料系统整理分析及水文地质参数的初步计算,结合太灰C_I组含水层的分布规律、灰岩地下水流场变化、构造控水条件分析以及岩溶发育情况,将其进行初始参数分区。

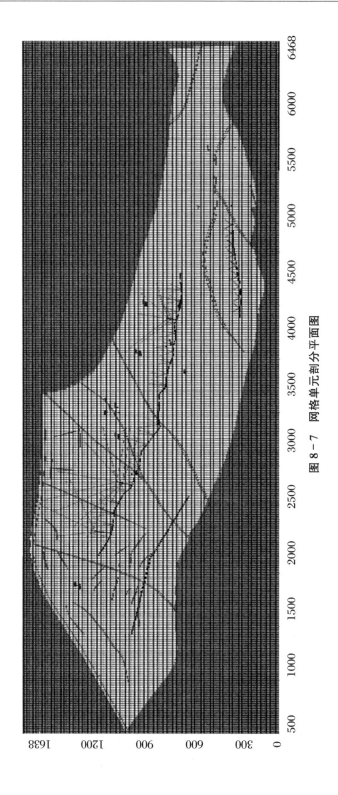

图 8-7 网格单元剖分平面图

三、初始条件

将 2011 年 9 月 6 日上午 9:00 时各观测孔的水位设为初始水位,利用 MODFLOW 提供的插值功能绘出区域地下水初始流场,其形态如图 8-8 所示。

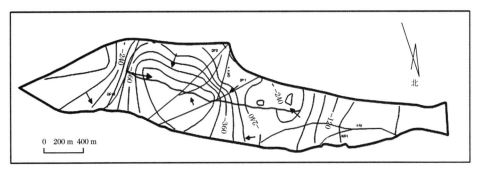

图 8-8 研究区初始流场图

四、模拟时段选定

选取放水试验的第一阶段作为模型的识别期,即 2011 年 9 月 6 日 9:00 至 9 月 17 日 6:00,持续时间为 11 天。第一阶段模型分为 78 个地下水应力期,每应力期时间步长设为 3,递增因子为 1.2;选取放水试验的第四个阶段作为验证期,即 2011 年 10 月 31 日 9:00 至 11 月 15 日 9:00,共 16 天。

第五节 模型识别与验证

一、模型识别与验证要求

模型识别与验证是对研究区水文地质条件做一次全面深入细致的分析。为使建立的数值模型能准确地刻画客观水文地质原型,需对模型进行反复认识与调试。模型识别与验证过程采用方法称为"试估—校正法",属于反求参数间接方法。

根据矿井水文地质条件,将模型所需第一、四阶段全部数据分阶段地输入模拟计算程序,通过不断调整模型分区的初始参数,使得不同阶段的实际地下水流场与模拟计算流场相吻合。

在模型的识别与验证过程中,要遵循以下原则:

(1)模拟地下水的动态过程与实测的动态过程基本相似,要求模拟与实测地下水过程线形状相似。

(2)模拟地下水流场与实测地下水流场基本一致,计算所得流场可客观反映地下水流动的趋势。

(3)识别的水文地质参数应符合实际水文地质条件。

经反复对灰岩地下水观测孔水位曲线拟合,同时计算计算区范围内的水量变化,识别含水层中的渗透系数、弹性释水率在整个空间分布。在模型识别过程中,为保证模型求解的唯一性,在模型调试过程中,充分利用各种实测资料来约束模型对原型的拟合。另外,充分使用放水试验资料中所获得信息及对试验区水文地质条件科学认识,即对-490 m开采水平放水试验得出的水文地质条件进行分析,对模型进行识别与验证,保证模型参数、地下水流场及水位变化之间达到最佳匹配,使识别的结果唯一、正确与可靠。

二、识别与验证阶段

识别阶段采用的观测孔共有12个,分别为:$KZ_{10补}$孔、八西线C_{3-I}孔,$KZ_{14补}$、补水一线C_{3-I}孔、$WS_1C_{3-1}^{3下}$孔、$WS_1C_{3-5}^{3下}$孔、$WS_1C_{3-4}^{3下}$孔、$WS_1C_{3-2}^{3下}$孔、$WS_1C_{3-2补}^{3下}$孔、$WS_1C_{3-2}^{3上}$孔、十西线C_{3-I-1}孔、十线C_{3-I-2}孔。

验证阶段采用的观测孔共6个,分别为:$KZ_{10补}$孔、八西线C_{3-I}孔、$WS_1C_{3-5}^{3下}$孔、十西线C_{3-I-2}孔、十西线C_{3-I-1}孔、$KZ_{14补}$孔。

从识别和验证结果来看,模型在补水一线C_{3-I}孔、DF_1及DF_{70}断层附近的拟合精度不高。补水一线C_{3-I}孔附近处于断层的转折端,裂隙发育、地下水径流条件复杂,DF_1和DF_{1-1}断层附近的含水层与上下含水层之间有较强的水力联系,模拟结果不理想。DF_{70}断层附近由于构造裂隙发育存在,含水介质的非均质程度高,而模型采用的等效孔隙介质概念模型对非均质含水层模拟不理想,因此,模型在十线附近的观测孔拟合效果相对较差。

通过对C_{3-I}组灰岩含水层两个阶段已有观测孔水位不断拟合,并结合整个流场的水量均衡关系,经过反复对模型进行识别与验证,最终得到研究区范围内含水层内部的不同块段参数。总体上模拟结果较为理想,具体拟合结果如图8-9、图8-10所示。

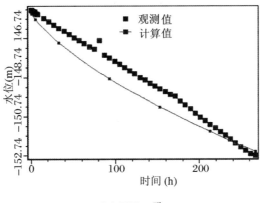

(a) KZ$_{10补}$孔

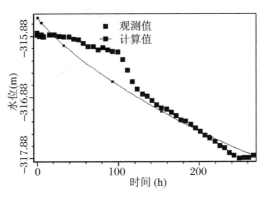

(b) 八西线 C$_{3-I}$ 孔

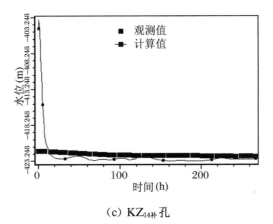

(c) KZ$_{14补}$孔

图 8-9　模拟识别期各观测孔水位拟合曲线(续)

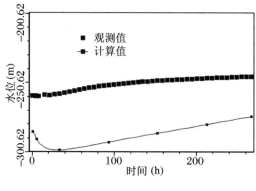

(d) 补水一线 C_{3-I} 孔

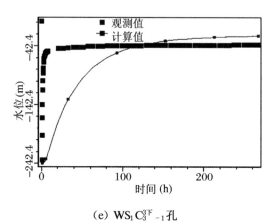

(e) $WS_1C_3^{下}{}_{-1}$ 孔

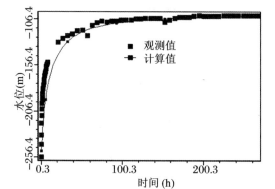

(f) $WS_1C_3^{下}{}_{-5}$ 孔

图 8-9　模拟识别期各观测孔水位拟合曲线(续)

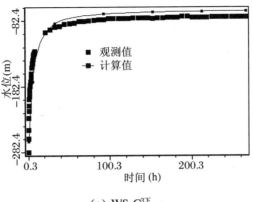

(g) $WS_1C_3^{3下}{}_{-4}$

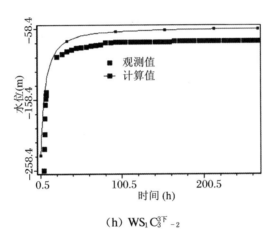

(h) $WS_1C_3^{3下}{}_{-2}$

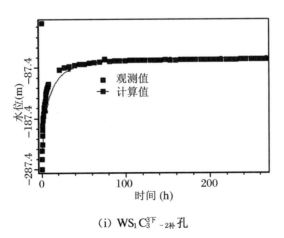

(i) $WS_1C_3^{3下}{}_{-2补}$孔

图 8-9 模拟识别期各观测孔水位拟合曲线(续)

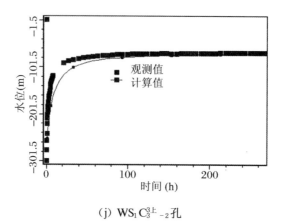

(j) $WS_1C_3^{3上}{}_{-2}$孔

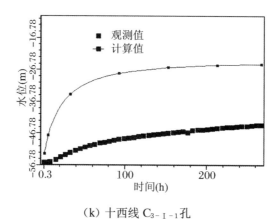

(k) 十西线 $C_{3-Ⅰ-1}$孔

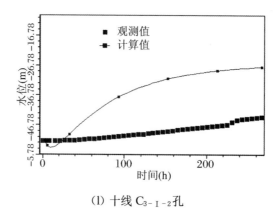

(l) 十线 $C_{3-Ⅰ-2}$孔

图 8-9 模拟识别期各观测孔水位拟合曲线(续)

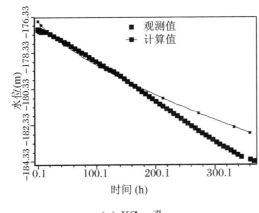

(a) $KZ_{10补}$孔

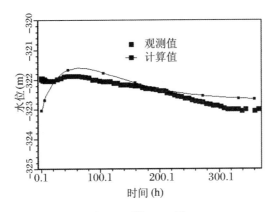

(b) 八西线 C_{3-I} 孔

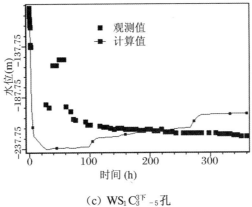

(c) $WS_1C_3^{3下}{}_{-5}$孔

图 8-10 验证期观测孔拟合曲线

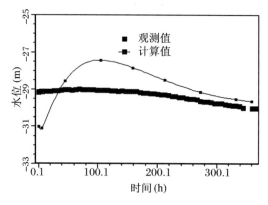

(d) 十西线 C_{3-I-2} 孔

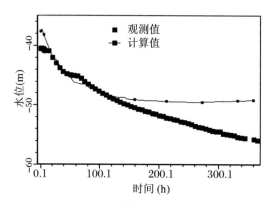

(e) 十西线 C_{3-I-1} 孔

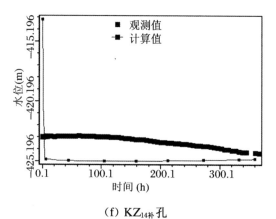

(f) $KZ_{14补}$ 孔

图 8-10 验证期观测孔拟合曲线(续)

模拟计算结果表明:大部分拟合较为理想,但在补水一线 C_{3-I} 孔、DF_1 及 DF_{70} 断层附近的拟合精度不高,计算和观测孔水位之差在 5~10 m 之间。原因是补水一线 C_{3-I} 孔附近处于断层的转折端,裂隙发育、地下水径流条件复杂。

由以上模型的模拟和识别结果可知,数值模拟模型再现了以 DF_1 断层为界,将模拟区划分成相对独立两个水文地质区块。

采用标准化残差均方根计算其准确性,其计算公式为

$$\frac{RMS}{(X_{obs})_{max} - (X_{obs})_{min}} \quad (8-22)$$

其中 RMS 为误差均方根,其计算公式为

$$RMS = \sqrt{\frac{1}{n}\sum_{i=1}^{n}(X_{cal} - X_{obs})^2} \quad (8-23)$$

其中: X_{cal} 为地下水位计算值(m); X_{obs} 为水位观测值(m)。

通过识别和验证期 12 个和 6 个长观数据的模拟计算结果,整个模拟期内标准化残差均方根为 1.23%,绝大多数对比点落在 95% 置信区间内,如图 8-11 所示。

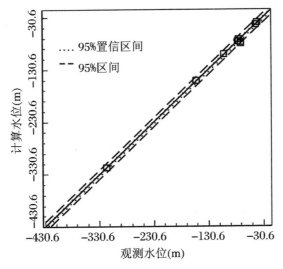

图 8-11　2011 年 9 月 17 日 6:00 时计算水位与实测水位对比

由于模拟范围大,边界条件较为复杂,且研究范围的含水层为非均质性,实际过程中致使个别观测孔的水位值拟合产生一定误差,但模拟计算水位变化趋势是一致的,多数拟合点相对误差较小,拟合效果较好,对整体地下水流场影响不大,因而,所建立数值模型客观上反映了灰岩含水层水文地质条件及结构特征。

三、数值模拟流场

模型识别期典型时刻的地下水流场变化如图 8-12~图 8-14 所示。

从模拟的地下水流场来看,模型识别阶段,地下水流向由西向东,西翼水位在267小时的模拟期内持续回升,东翼基本不受西翼水位恢复的影响,模拟结果与整个试验区第一阶段的地下水径流条件是一致的。

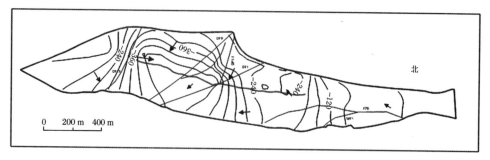

图8-12 识别期第1小时地下水位等值线

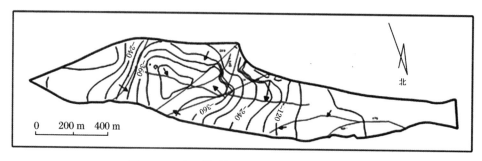

图8-13 识别期第51小时地下水位等值线

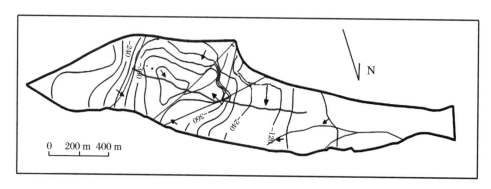

图8-14 模识别期第105小时地下水位等值线

四、含水层参数分区确认

利用识别与验证两个阶段资料,反复校正研究区边界条件和含水层内部结构及含水层参数,并结合放水试验中的一些结果,采用反演方法,确定了参数合理分区,其渗透系数和弹性释分区情况分别如图 8-15、图 8-16 所示,具体数值如表 8-1 所示。

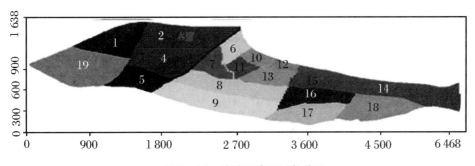

图 8-15　试验区渗透系数分区

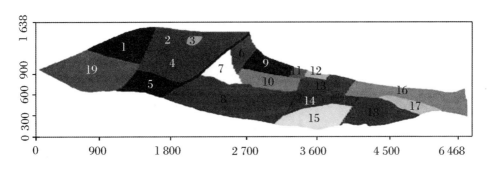

图 8-16　试验区弹性释水率分区

表 8-1　C_{3-I} 组灰岩含水层参数值

渗透系数分区编号	渗透系数(m/d)	弹性释水率分区编号	弹性释水率(l/m)
1	0.005	1	5E-5
2	0.000 1	2	3E-5
3	0.001	3	5E-5
4	0.001	4	1E-7
5	0.001	5	1E-6
6	0.01	6	1E-5
7	0.1	7	1E-6
8	0.02	8	1E-7
9	0.005	9	2E-5
10	0.2	10	3E-6
11	0.1	11	5E-6
12	0.2	12	1E-5

续表

渗透系数分区编号	渗透系数(m/d)	弹性释水率分区编号	弹性释水率(1/m)
13	0.2	13	2E-7
14	0.6	14	1E-7
15	0.5	15	1E-7
16	0.05	16	1E-6
17	0.04	17	1E-5
18	0.1	18	1E-5
19	0.001	19	1E-7

五、模拟结果分析

通过对比模拟计算与观测数据发现,模拟的水位变化过程与实测的水位变化趋势基本一致,流场形态反映了放水试验过程的流场变化规律。

在模型识别期内,西翼关孔后地下水流场恢复较快,初始流场中西翼的水位降落漏斗在模拟期的第51个小时基本消失,说明西翼地下水径流条件较好,接受的补给强度大。

在模拟期间,由于模拟范围太大,地层及构造条件复杂,研究区地下水位复杂多变,因此,造成少数观测孔水位拟合值不太理想。此外,随着放水量增大,其周围地下水径流速度加快,地下水流在多空介质中呈连续或非连续性,使得含水层的水文地质参数值在模型识别验证期发生变化,模型没有考虑这种参数的变化也是水位拟合产生误差的主要原因之一。

研究区内 DF_1 断层在 -490 m 集中放水大巷以上段和 DF_{1-1} 断层在补水一线附近均具有导水性,且为深部导水。

通过数值模型可以得出以下结论:

(1)模拟出的地下水流场与实际情况基本相符,观测孔地下水位过程线与实测值拟合精度较好,水文地质参数与实际条件基本相符,模型反映了试验区的水文地质条件。

(2)模拟试验结果进一步说明了 DF_1 断层西翼地下水径流条件较好,模拟期西翼关孔后降落漏斗在模拟期51小时基本消失,保持缓慢的发展趋势,说明西翼接受补给强,渗透系数较大。

(3)模拟过程中种种现象也反映了研究区地质构造条件的复杂性导致的灰岩含水层具有较强非均质性,地下水流为各向异性等。由于 DF_1 断层在 -490 m 集中放水大巷以上段和 DF_{1-1} 断层在补水一线附近断层带接受下部奥灰、寒灰补给,数值模拟模型在补水一线附近的模拟没有很好地拟合其真实的水文地质条件;由于 F_{70} 断层及边界的影响,模型对十线和十西线观测孔的拟合精度有限,但趋势是一致的。

第九章 C_I组灰岩水疏放性评价及涌水量预测

第一节 煤层底板突水评价

正确评价煤层底板突水危险性程度是保障承压含水层上安全开采的关键,而底板灰岩突水机理的复杂性、突水影响因素的多样性,使得底板突水的预测科学成为矿山防治水技术人员一直所关心的热点问题。

目前,我国普遍采用"突水系数"法来预测煤层底部灰岩是否发生突水。该方法是从长期的大量突水实践资料经过统计分析中得出的一种规律性认识,已列入《煤矿防治水规定》(2009,以下简称《规定》)中。本次采用该方法对试验区 -490 m 和 -650 m水平 A 组煤层底板 C_I 组灰岩突水危险性进行分析与评价。

一、突水系数法

根据《规定》,煤层开采的安全水头依突水系数,即每米隔水层厚度所能承受的最大水压值或允许承受的水压值,计算公式为

$$P = T_s M$$

式中:M 为底板隔水层厚度(m);P 为安全水压(MPa);T_s 为临界突水系数(MPa/m)。

依据《规定》,T_s 值应当根据本区资料确定,一般情况下,在具有构造破坏地段按 0.06 MPa/m 计算,隔水层完整无断裂构造破坏地段按 0.1 MPa/m 计算。为了提高煤层开采的安全性,结合淮南矿区 A 组煤底板灰岩防治水实际情况,本次 T_s 值采用 0.05 MPa/m,针对目前情况,满足安全突水系数这种条件,未来煤层开采需要进行疏水降压。

二、突水系数影响因素

(一) 煤层底板隔水层厚度

依潘北煤矿勘探资料,A 组煤层底板隔水层(1 煤底板至太原组 C_3^1 层灰岩顶板)

厚度为 11.10～21.08 m(图 9-1),由海相泥岩、粉砂岩、细砂岩互层等组成。

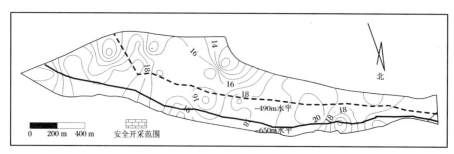

图 9-1　A 组煤层底板隔水层厚度分布

(二) 灰岩含水层水压

从 10 月 31 日 9 点到 11 月 15 日 9 点,东、西翼共放水 67 557 m³,其中,东翼约为 6 950 m³,西翼约为 60 607 m³;井下测压孔和地面观测孔水位(均)有不同程度的下降,其中,下降幅度最大的为 WS_1 石门 $C_{I-5}^{3下}$ 孔,水压力值由 3.85 MPa(10 月 31 日)下降到 2.60 MPa(11 月 15 日),累计下降了 1.25 MPa。

从图 9-2 可知,10 月 31 日西翼总放水前,-490 m 水平东翼东段水压力值小于 1.0 MPa,由东翼西段补水一线附近向西的水压值逐渐增大,其变化范围为 1.0～5.0 MPa;11 月 15 日西翼总放水结束后,-490 m 水平东翼水压下降幅度不大,而西翼除 WS_1 石门 $C_{I-5}^{3下}$ 孔附近水压值有较大幅度下降外,其他区块下降幅度小。

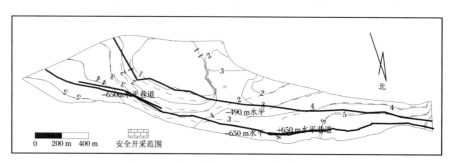

图 9-2　第四阶段 C_{3-I} 组灰岩等水压线
注:实线表示 10 月 31 日水压力值;虚线表示 11 月 15 日水压力值。

三、煤层底板突水系数

根据 A 组煤层底板隔水层厚度及 C_I 组灰岩含水层水压值,代入公式 $P = T_s M$,可以求得放水试验结束时,即 11 月 15 日时的煤层底板突水系数,其结果如图 9-3 所示。

至本次放水试验结束时,-490 m 水平东翼 A 组煤层底板的突水系数已小于或等于 0.05 MPa/m,而 -490 水平西翼和 -490～-650 m 水平东、西两翼的底板突水系数值均大于 0.05 MPa/m。依《规定》要求, -490 m 水平 C_I 组灰岩水位需下降到 -420 m,而 -490～-650 m 水平 C_{3-I} 组灰岩水位需下降到 -570 m 才能安全可要,如图 9-4 所示。为此,按照工作面设计要求对 C_I 组灰岩继续进行疏放水降压,确保灰岩水位下降至安全开采水位。

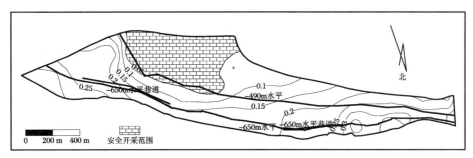

图 9-3　A 组煤层底板突水系数值

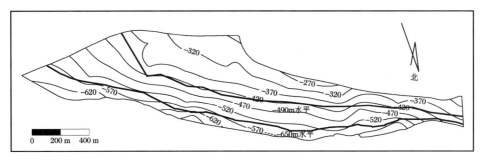

图 9-4　A 组煤层底板灰岩安全水位等值线

第二节　含水层疏放试验

一、疏放试验方案

(一) 目的与任务

(1) 设计 -490 m 水平 C_I 组灰岩的井下放水孔,计算达到该水平安全开采条件时东、西翼的放水量和时间。

(2) 设计 -650 m 水平 C_{3-I} 组灰岩的井下放水孔,计算达到该水平安全开采条件时东、西翼的放水量和时间。

(二) 钻场布置

参与 -490 m 水平疏放水试验的放水孔有 80 个,其中东翼 23 个,西翼 57 个;参与 -650 m 水平疏放水试验的放水孔有 41 个,其中东翼 23 个,西翼 18 个。

(三) 设计程序

本次疏放水试验是继第四阶段放水试验结束后(即 2011 年 11 月 15 日)进行的,根据试验目的和要求,首先计算 -490 m 水平 C_{3-I} 组灰岩水位下降到安全水头时东、西翼所放的总水量和对应的时间;然后在此基础上,计算 -650 m 水平 C_{3-I} 组灰岩水位下降到安全水头时东、西翼所放的总水量和对应的时间。

二、疏水降压效果

(一) -490 m 水平 C_{3-I} 组灰岩疏放效果分析

利用第八章模拟模型,疏放阶段模型初始水位为验证阶段结束时 C_I 组灰岩水位,井下水量由 11 月 15 日的 152.34 m³/h(其中,东翼为 19.13 m³/h,西翼为 133.21 m³/h)增大到 419.92 m³/h(其中,东翼为 19.13 m³/h,西翼为 400.79 m³/h)。

经模型反复验算得到,上述设计的水量($Q = 419.92$ m³/h)放水 180 天后,-490 m 水平东、西翼 A 组煤层均处在安全水位以下(图 9-5、图 9-6)。综合分析图 9-5、图 9-6 可知,除补水一线及背斜转折端外,其他区域均符合规定的要求,即 T_s 值小于或等于 0.05 MPa/m。

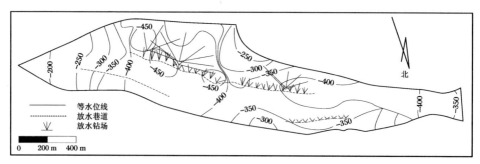

图 9-5　-490 水平 C_{3-I} 组灰岩等水位线(放水 180 天后)

(二) -650 m 水平 C_{3-I} 组灰岩疏放效果分析

-650 m 水平疏放水试验是在 -490 m 水平疏放水基础上进行的,模型的初始水位为上阶段疏放水结束时的水位,井下放水量主要由两部分组成:一是 -490 m 水平巷道放水,共计 419.92 m³/h(其中,东翼为 19.13 m³/h,西翼为 400.79 m³/h);另外还新增了-650 m水平巷道放水,共计176.67 m³/h(其中,东翼为17.92 m³/h,西翼为158.75 m³/h)。

经模型反复验算得到,上述设计的水量放水180天后,-650 m水平A组煤层基本处在安全水位以下(图9-7、图9-8)。除部分地段外,-650 m水平采煤工作面底板的灰岩水位均达到规定要求,即T_s值小于或等于0.05 MPa/m。

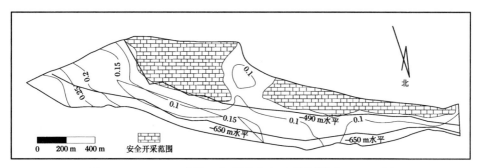

图9-6　-490 m水平A组煤层安全开采区(放水180天后)

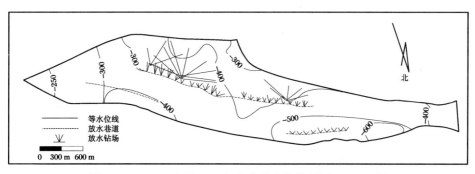

图9-7　-650水平C_{3-I}组灰岩等水位线(放水180天后)

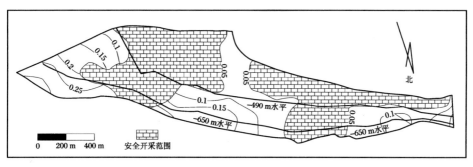

图9-8　-650 m水平A组煤层安全开采区(放水180天后)

第三节　C_I组灰岩涌水量预测

一、基本参数选取

（1）据矿井灰岩勘探报告：C_I组灰岩含水层为C_I^1、C_I^2、$C_I^{3上}$和$C_I^{3下}$，厚度为10.97～34.18 m，平均厚度为19.72 m；1煤底板至C_3^1层灰岩顶板的厚度为11.10～21.08 m，平均厚度为16.33 m。

（2）按突水系数0.05 MPa计算，安全水头值为0.82 MPa。

（3）按开采标高-490 m、静水压为4.5 MPa、安全水头为0.82 MPa计算，水位降深368 m，需降至-408 m；按开采标高-650 m、静水压为6.1 MPa、安全水头为0.82 MPa计算，需降至-568 m。

（4）依抽水试验结果，选用T、K最大值，东翼采用475孔，西翼采用潘三矿C_{3-11}孔、水四线C_{12}孔，水文地质参数如表9-1所示。

表9-1　以往抽水试验水文地质参数

	孔　号	抽水层位	含水层厚度(m)	水文地质参数		
				T	K(m/d)	R(m)
	476	C_I	25.80		0.009 93	61
	475	C_I	10.70		0.012 5	67
	水四线C_{12}	C_I	23.20		0.109	194
潘北	补水一线C_{3-I}	C_I	20.07		0.004 6	12.520
	八西线C_{3-I}	C_I	24.33		0.000 15	3.955
	十线C_{3-I-1}	C_I	22.68		0.001 2	32.00
	十线C_{3-I-2}	C_I	26.51		0.004 2	66.20
	十西线C_{3-I-1}	C_I	23.88		0.002 1	40.53
	十西线C_{3-I-2}	C_I	22.37		0.000 167	13.00

二、C_I组灰岩涌水量预算

（一）大井法

1．-490 m水平东翼涌水量

$$Q = 2.73 \frac{KMS}{\lg\left(\frac{R_0}{r_0}\right)}$$

$$R = 10S\sqrt{K}$$

$$r_0 = \eta \frac{a+b}{4}$$

$$R_0 = r_0 + R$$

式中：K 为 C_I 组灰岩渗透系数，取 0.012 5 m/d(475 孔)；M 为 C_I 组灰岩厚度，取 19.72 m；S 为水位降深，取 368 m；a 为东翼区长度，取 1 620 m；b 为东翼区宽度，取 480 m；η 为系数，根据 b/a 值查表 9-2，取 1.13；r_0 为大井半径，取 593.25 m；R 为影响半径，取 411.44 m；R_0 为大井引用半径，取 1 004.69 m。

涌水量预算结果为 45.10 m³/h。

表 9-2　b/a 与 η 关系表

b/a	0	0.20	0.40	0.60	0.80	1.00
η	1.00	1.12	1.14	1.16	1.18	1.18

2. -490 m 水平西翼东段涌水量

$$Q = 2.73 \frac{KMS}{\lg\left(\frac{R_0}{r_0}\right)}$$

$$R = 10S\sqrt{K}$$

$$r_0 = \eta \frac{a+b}{4}$$

$$R_0 = r_0 + R$$

式中：K 为 C_I 组灰岩渗透系数，取 0.59 m/d(潘三矿 C_3^{11} 孔)和 0.109 m/d（水四线 C_{12} 孔）；M 为 C_{3-I} 组灰岩厚度，取 19.72 m；S 为水位降深，取 368 m；a 为西翼东段长度，取 920 m；b 为西翼东段宽度，取 385 m；η 为系数，根据 b/a 值查表 9-2 知为 1.14；r_0 为大井半径，取 371.93 m；R 为影响半径，取 2 826.66 m、1 214.96 m；R_0 为太原组大井引用半径，取 3 198.59 m。

采用潘三矿 C_3^{11} 孔参数涌水量预算结果为 521.17 m³/h，采用水四线 C_{12} 孔参数涌水量预算结果为 142.82 m³/h。

3. -490 m 水平西翼西段涌水量预算

$$Q = 2.73 \frac{KMS}{\lg\left(\frac{R_0}{r_0}\right)}$$

$$R = 10S\sqrt{K}$$

$$r_0 = \eta \frac{a+b}{4}$$

$$R_0 = r_0 + R$$

式中:K 为 C_I 组灰岩渗透系数,取 0.109 m/d(水四线 C_{12} 孔);M 为 C_{3-I} 组灰岩厚度,取 19.72 m;S 为水位降深,取 368 m;a 为西翼西段长度,取 1 640 m;b 为西翼西段宽度,取 280 m;η 为系数,根据 b/a 值查表 9-2 知为 1.12;r_0 为大井半径,取 537.60 m;R 为影响半径,取 1 214.96 m;R_0 为大井引用半径,取 1 752.56 m。

涌水量预算结果为 175.33 m³/h。

(二) 比拟法

1. -490 m 水平西翼西段涌水量

$$Q = q_0 \cdot F \cdot S = Q_0 \frac{F}{F_0} \cdot \frac{S}{S_0}$$

式中:Q_0 为西翼东段实测涌水量,取 136.97 m³/h;F_0 为西翼东段面积,取 354 200 m²;F 为西翼西段面积,取 459 200 m²;S 为东段水位降深,取 368 m;S_0 为西段水位降深,取 368 m。

涌水量预算结果为 177.57 m³/h。

2. -490~-650 m 水平东翼涌水量

$$Q = q_0 \cdot F \cdot S = Q_0 \frac{F}{F_0} \cdot \frac{S}{S_0}$$

式中,Q_0 为 -490 m 水平东翼实测涌水量,取 19.80 m³/h;F_0 为 -490 m 水平东翼面积,取 777 600 m²;F 为 -650 m 水平东翼面积,取 410 000 m²;S 为 -650 m 水平东翼水位降深,取 528 m;S_0 为 -490 m 水平东翼水位降深,取 368 m。

涌水量预算结果为 14.98 m³/h。

3. -490~-650 m 水平西翼涌水量

$$Q = q_0 \cdot F \cdot S = Q_0 \frac{F}{F_0} \cdot \frac{S}{S_0}$$

式中:Q_0 为 -490 m 水平西翼涌水量,318.15 m³/h;F_0 为 -490 m 水平西翼面积,取 823 400 m²;F 为 -650 m 水平西翼面积,取 972 000 m²;S 为 -650 m 水平西翼水位降深,取 528 m;S_0 为 -490 m 水平西翼水位降深,取 368 m。

涌水量预算结果为 538.86 m³/h。

通过灰岩勘探资料和放水试验结果分析可知,潘北背斜轴部附近岩溶裂隙发育,富水性强,渗透性好;离背斜轴部越远,灰岩含水层富水性越弱,渗透性越差。-490~-650 m 水平西翼预测涌水量为 538.86 m³/h,比 -490 m 水平预测涌水量(318.15 m³/h)大 220.71 m³/h,与实际情况差距较大。因此,必须对上述公式进行修正和完善,修正后的公式为

$$Q = q_0 \cdot F \cdot S \cdot K = Q_0 \frac{F}{F_0} \cdot \frac{S}{S_0} \cdot \frac{K}{K_0}$$

式中:K 为 -650 m 水平灰岩渗透系数(m/d),取 0.001 2 m/d(十线 C_{3-I-1} 孔为

$0.001\ 2\ \mathrm{m/d}$；K_0 为 $-490\ \mathrm{m}$ 水平灰岩渗透系数（m/d），取 $0.004\ 2\ \mathrm{m/d}$（十线 C_{3-I-2} 孔为 $0.004\ 2\ \mathrm{m/d}$）。

利用修正公式，计算 $-490\sim-650\ \mathrm{m}$ 水平 C_I 组灰岩西翼正常涌水量为 $153.96\ \mathrm{m^3/h}$。

（三）块段单位涌水量法

把不同块段视为大井，计算的块段单位涌水量为 $0.003\ 86\sim0.306\ \mathrm{L/(s\cdot m)}$，其中东翼为 $0.003\ 86\sim0.015\ 4\ \mathrm{L/(s\cdot m)}$，西翼东段（$DF_1$ 断层至辅二线）为 $0.120\ 4\sim0.306\ \mathrm{L/(s\cdot m)}$，详见表 9-3。

表 9-3 块段单位涌水量计算

翼别	块段	位置	试验阶段	涌水量（m³/h）	中心水位（压）孔号	静水位（压）（m,MPa）	动水位（压）（m,MPa）	降深（m）	单位涌水量（L/(s·m)）
东翼	东段	F_{a-1} 断层以东 $E_3\sim E_{12}$ 钻场	东、西翼放水	4.44	八西线 C_{3-I}	-3.745（2010/3/22）	-322.91（2011/11/15）	319.165	0.003 86
	西段	F_{a-1} 至 DF_1 断层 $E_1\sim E_2$ 钻场		14.41	补水一线 C_{3-I}	-3.745（2010/3/22）	-266.82（2011/11/15）	260.075	0.015 4
西翼	东段	DF_1 断层至辅二线（W12 钻场）	西翼总恢复	121.35	WS_1 $C_{3-5}^{3下}$	3.84（2011/9/19）	2.28（2011/9/6）	156.00	0.216
			WS_1 石门东侧钻孔放水	124.00	WS_1 $C_{3-1}^{3上}$	3.81	2.22	159.00	0.2166
			WS_1 石门西侧钻孔放水	91.92	WS_1 $C_{3-2}^{3上}$	4.09	1.97	212.00	0.1204
			西翼总放水	137.83	WS_1 $C_{3-5}^{3下}$	3.85（2011/10/31）	2.60（2011/11/15）	125.0	0.306

采用东翼块段单位涌水量和西翼块段单位涌水量中间值预计块段涌水量。其结果为：$-490\ \mathrm{m}$ 水平为 $311.67\ \mathrm{m^3/h}$，其中东翼为 $25.51\ \mathrm{m^3/h}$，西翼东段为 $286.16\ \mathrm{m^3/h}$；$-490\sim-650\ \mathrm{m}$ 水平为 $135.50\ \mathrm{m^3/h}$，其中东翼为 $11.09\ \mathrm{m^3/h}$，西翼东段为 $124.41\ \mathrm{m^3/h}$，详见表 9-4。

表9-4 采用块段单位涌水量预计涌水量结果

计算水平(m)	翼别	块段	位置	计算公式	块段单位涌水量(L/(s·m))	预计降深(m)	涌水量(m^3/h)	合计涌水量(m^3/h)
-490	东翼	东段	F_{a-1}断层以东 $E_3\sim E_{12}$钻场	$Q=qS$	0.003 86	368	5.11	25.51
		西段	F_{a-1}至DF_1断层 $E_1\sim E_2$钻场		0.015 4	368	20.40	
	西翼	东段	DF_1断层至辅二线(W_{12}钻场)		0.216	368	286.16	286.16
	东、西翼合计							311.67
-490~-650	东翼	东段	F_{a-1}断层以东 $E_3\sim E_{12}$钻场	$Q=qS$	0.003 86	160	2.22	11.09
		西段	F_{a-1}至DF_1断层 $E_1\sim E_2$钻场		0.015 4	160	8.87	
	西翼	东段	DF_1断层至辅二线(W_{12}钻场)		0.216	160	124.41	124.41
	东、西翼合计							135.50

辅二线以西因无井下灰岩勘探试验工程,人为地将其作为西翼东、西两段,西段未计算块段涌水量。分析该段为潘三背斜及其主要影响区,灰岩岩溶较发育,富水性较强,但在西翼东段疏水降压到安全水头值后,该段水位(压)亦已大幅度下降,受干扰影响,其涌水量应小于西翼东段。

各种计算涌水量预测结果见表9-5。

表 9-5　涌水量预测结果汇总

(单位：m³/h)

资料来源	采用计算方法	预测范围	-490 m水平 东翼	-490 m水平 西翼 东段	-490 m水平 西翼 西段	-490 m水平 西翼 计	-490 m水平 合计	-490~-650 m水平 东翼	-490~-650 m水平 西翼 东段	-490~-650 m水平 西翼 西段	-490~-650 m水平 西翼 计	-490~-650 m水平 合计	-650 m水平
潘北矿电子版地质报告汇编	柯斯加科夫公式	走向长6 000 m											249
潘北矿灰岩面勘探报告	大井法	-490 m水平首采区走向长1 600 m	210.64										
谢桥矿 -440 m水平底板灰岩突水	类比法	-490 m水平					正常 420 最大 642						
本次研究结果	大井法	F₁断层至西辅五线	45.10	142.82 521.17	175.33	318.15 696.50	363.25 741.60						
本次研究结果	比拟法	F₁断层至西辅五线	19.80	136.97	177.57	314.54	334.34	14.98			153.96	168.94	
本次研究结果	块段单位涌水量法	F₁断层至西辅二线	25.51	286.16			311.67	11.09	124.41			135.50	
本次研究结果	三维地下水流有限差分法	F₁断层至西辅五线	19.13	133.21	267.58	400.79	419.92	17.92			158.75	176.67	

第四节　涌水量预测比较

（1）2009年12月以来，矿井-490 m水平C_I组灰岩放水引起不同灰岩含水层（组）水位非稳定持续下降，到2011年11月15日：C_I组灰岩水位为-424.70 m，C_{II}组灰岩水位为-36.33 m，C_{III}组灰岩水位为-36.13 m，奥灰、寒灰混合水位为-27.15 m，寒灰水位为-43.14 m。

放水试验取得了较好的降压效果。到2011年11月15日，东翼实测动水压力为0.55 MPa，水位标高为-431.60 m，已基本达到-490 m水平A组煤开采安全水头值；西翼WS_1石门中心测压孔（$WS_1C_{3-5}^{\bar{5}}$孔）实测水压力为2.6 MPa，水位为-224.40 m，比-490 m水平A组煤开采安全水头值0.82 MPa高1.78 MPa。

上述资料可作为评价涌水量计算结果的重要依据。

（2）地面钻孔单孔抽水试验所获水文地质参数，如导水系数T、渗透系数K、单位涌水量q等，也是评价含水层渗透性和富水性的重要指标，但受抽水试验条件、设备能力等限制，历时短、降深小、影响半径小，反映的仅是钻孔所处范围内的渗透性和富水性特征，具有局限性，不能完全反映含水层非均质性和各向异性，以潘北矿为例，地面钻孔C_I组灰岩9次抽水试验，渗透系数K为0.00015至0.109 m/d，相差三个数量级，计算结果差异较大。

（3）井下群孔放水试验不受设备能力限制，能实现井下群孔放水、井上下多孔观测，它满足历时长、大流量、大降深的要求，为进一步查明含水层的富水性和地下水补给、径流、排泄条件提供了保证。针对复杂水文地质条件，采用数值模拟方法，模拟放水试验过程中的地下水流场特征，获得含水层的区块参数。因此，它是井下含水层水文地质条件评价更接近于实际问题的一个重要手段。

依-490 m水平C_{3-I}组灰岩前期勘探和本次放水试验资料，采用稳定流比拟法和块段单位涌水量法即面积、降深比拟和块段、降深比拟，预计涌水量作为一个重要参考。但两种方法不能描述定降深时的流量衰减变化或定流量时的水位（压）衰减变化。

（4）针对矿井灰岩地下水非稳定运动和构造控水的问题，选用三维地下水流有限差分法，采用放水试验各阶段资料，建立数学模型，进行水位拟合、参数识别，得到含水层各种参数，依此进行涌水量计算。经对比-490 m水平C_I组灰岩已有放水和试验资料，其结果可信度较高。因此建议采用其计算结果，具体为：

① -490 m水平C_{3-I}组灰岩涌水量为419.92 m³/h，其中，东翼为19.13 m³/h，西翼为400.79 m³/h（西翼东段为133.21 m³/h，西翼西段为267.58 m³/h）。

② -490～-650 m水平C_{3-I}组灰岩涌水量为176.67 m³/h，其中，东翼为17.92 m³/h，西翼为158.75 m³/h。

需要指出的是：计算-490 m水平西翼涌水量时考虑了西侧进水和东西两段相互干扰的因素，东段133.21 m³/h是西段放水量为267.58 m³/h条件下的水量。

(5) 由于灰岩最大涌水量的预计受多种因多素的制约,非稳定流公式,可以计算初始和不同时段的涌水量,但初始水位降深难以合理确定。

(6) 采用谢桥矿东风井-440 m回风道底板灰岩突水时最大涌水量642 m³/h与稳定涌水量420 m³/h的比值1.53预计,即-490 m水平C_{3-I}组灰岩最大涌水量为：

$$419.92 \times 1.53 = 642.48 \, (m^3/h)$$

第十章　突水水源判别与分析系统

潘北煤矿目前矿井充水水源为松散层底部砂层水、煤层顶、底板砂岩裂隙水；A 组煤层底板太原组灰岩水以及奥陶系与寒武系灰岩水。各充水水源具有不同水化学组分。利用不同含水层中特征组分的差异性,进行水源分析,为准确判别水源提供依据,也是保证矿井安全开采最有效的途径。通过建立基于 Bayes 逐步判别、距离判别、模糊聚类判别、灰色关联等突水水源判别模式,研发"潘北煤矿突水水源判别与分析系统",从而为矿井突水预测提供一个最直接、最有效的分析方法。

第一节　多水源判别基本原理

该系统采用四种判别模型,即:Bayes 逐步判别、距离判别、模糊聚类判别、灰色关联,其判别原理叙述如下。

一、多元逐步 Bayes 判别的方法

多元逐步 Bayes 判别的基本原理为:在形成判别方程的过程中,每一步都对变量进行显著性检验,以此对变量进行逐个挑选,把分类影响较小变量从判别方程中剔除,将对分类影响最大那些变量选入判别方程,最终由分类影响大的变量组成判别方程组。

(一) 多元逐步 Bayes 判别的计算步骤

设有总体被分为 S 个类型:$G_1, G_2, \cdots, G_s$,与类型有关的因子数为 n 个,其中 $X_{sk}^{(i)}$ 为第 s 个类型的第 i 个变量第 k 个样本值,其中 $s=1,2,\cdots,S; i=1,2,\cdots,n; k=1,2,\cdots,m_s; Q = \sum_{s=1}^{S} m_s$ (Q 为样本容量)。

1. 初始相关计算

第 S 个总体均值:

$$\overline{X}_s^{(i)} = \frac{1}{m_s}\sum_{k=1}^{m_s} X_{sk}^{(i)} \quad (i=1,2,\cdots,n;s=1,2,\cdots,S) \qquad (10-1)$$

总均值：

$$\overline{X}^{(i)} = \frac{1}{Q}\sum_{s=1}^{S}\sum_{k=1}^{m_s} X_{sk}^{(i)} \quad (i=1,2,\cdots,n;s=1,2,\cdots,S) \qquad (10-2)$$

组内离差矩阵：

$$W = (w_{ij})$$

$$w_{ij} = \sum_{s=1}^{S}\sum_{k=1}^{m_s}(X_{sk}^{(i)}-\overline{X}_s^{(i)})(X_{sk}^{(j)}-\overline{X}_s^{(j)}) \quad (i,j=1,2,\cdots,n) \qquad (10-3)$$

总离差阵：

$$T = (t_{ij})$$

$$t_{ij} = \sum_{s=1}^{S}\sum_{k=1}^{m_s}(X_{sk}^{(i)}-\overline{X}^{(i)})(X_{sk}^{(j)}-\overline{X}^{(j)}) \quad (i,j=1,2,\cdots,n) \qquad (10-4)$$

2. 逐步计算

设已经进行了 l 步计算，选入了 L 个变量：$X_1,X_2,\cdots,X_L$，则第 $L+1$ 步对所有变量 X_i。

(1) 计算偏 Wilks 统计量

$$u_i = \frac{t_{ij}^{(l)}}{w_{ij}^{(l)}} \quad (i=1,2,\cdots,L)$$

及

$$u_i = \frac{w_{ii}^{(l)}}{t_{ii}^{(l)}} \quad (i=L+1,L+2,\cdots,n) \qquad (10-5)$$

(2) 选入或剔除变量

设 $u_{-r} = \max(u_1,u_2,\cdots,u_L)$，计算

$$F_{-r} = \frac{1-u_{-r}}{u_{-r}} \cdot \frac{Q-S-(L-1)}{S-1} \qquad (10-6)$$

若 $F_{-r} \leqslant F_\alpha$，则剔除变量 X_r，对 $W^{(l)}$ 与 $T^{(l)}$ 进行 Sweep 变换；设

$$u_{+r} = \min(u_{L+1},u_{L+2},\cdots,u_n)$$

计算

$$F_{+r} = \frac{1-u_{+r}}{u_{+r}} \cdot \frac{Q-S-L}{S-1} \qquad (10-7)$$

若 $F_{+r} > F_\alpha$，则选入变量 X_r，对 $W^{(l)}$ 与 $T^{(l)}$ 进行 Sweep 变换。其中不管进行剔除变量还是进行选入变量，Sweep 变换均如下：

$$w_{ij}^{(l+1)} = \begin{cases} \dfrac{w_{rj}^{(l)}}{w_{rr}^{(l)}} & (i = r, j \neq r) \\ w_{ij}^{(l)} - \dfrac{w_{ir}^{(l)} w_{rj}^{(l)}}{w_{rr}^{(l)}} & (i \neq r, j \neq r) \\ \dfrac{1}{w_{rr}^{(l)}} & (i = r, j = r) \\ -\dfrac{w_{ir}^{(l)}}{w_{rr}^{(l)}} & (i \neq r, j = r) \end{cases} \quad (10-8)$$

$$t_{ij}^{(l+1)} = \begin{cases} \dfrac{t_{rj}^{(l)}}{t_{rr}^{(l)}} & (i = r, j \neq r) \\ t_{ij}^{(l)} - \dfrac{t_{ir}^{(l)} t_{rj}^{(l)}}{t_{rr}^{(l)}} & (i \neq r, j \neq r) \\ \dfrac{1}{t_{rr}^{(l)}} & (i = r, j = r) \\ -\dfrac{t_{ir}^{(l)}}{t_{rr}^{(l)}} & (i \neq r, j = r) \end{cases} \quad (10-9)$$

重复上述步骤,直到不能剔除又不能选入变量,计算结束。

(二) 建立判别方程

设最终选入 d 个变量 $X_1, X_2, \cdots, X_d$,则有判别方程:

$$f_s(x) = \ln q_s + Cos + \sum_{i=1}^{d} C_s^{(i)} X_i \quad (s = 1, 2, \cdots, S) \quad (10-10)$$

其中

$$C_s^{(i)} = (Q - S) \sum_{j=1}^{d} w^{ij} \overline{X}_s^{(j)} \quad (i = 1, 2, \cdots, d)$$

$$Cos = -\frac{1}{2} \sum_{i=1}^{d} C_s^{(i)} \overline{X}_s^{(i)}$$

$$q_s = \frac{m_s}{Q_s}$$

针对待判别样品 X,计算 $f_s(X)(s = 1, 2, \cdots, S)$。如果 $f_h(X) = \max(f_1(X), f_2(X), \cdots, f_s(X))$,则判别 X 归为第 h 类。

(三) 判别效果检验

用统计量

$$F_{ef} = \frac{(Q - S - n + 1) m_e m_f}{n(Q - S)(m_e + m_f)} D_{ef}^2$$

作为第 e 与第 f 两个母体的检验统计量,其中 D_{ef}^2 是这两类间的马氏距离,若 $F_{ef} > F_\alpha$,则判别效果显著。

二、距离判别方法

(一) 距离判别法基本原理

根据已知的若干样本特征信息,建立判别函数对未知样本进行类型判别,通过样品与总体间的距离远近,判定其归属类别。

(二) 马氏距离

距离判别分析中的距离通常指马氏距离。设总体 $G = \{X_1, X_1, \cdots, X_m\}^T$ 为 m 维总体,其中,样本 $X_i = \{x_1, x_2, \cdots, x_m\}^T$,令 $\mu_1 = E(X_i)(i=1,2,\cdots,m)$,则总体均值向量为 $\boldsymbol{\mu} = \{\mu_1, \mu_2, \cdots, \mu_m\}^T$。总体 G 的协方差矩阵为

$$\boldsymbol{\Sigma} = COV(G) = E[(G-\mu)(G-\mu)^T]$$

设 X, Y 是从总体 G 中抽取的两个样本,则 X 与 Y 之间的平方马氏距离为

$$d^2(X, Y) = (X - Y)^T \boldsymbol{\Sigma}^{-1} (X - Y)$$

样本 X 与总体 G 的马氏距离的平方定义为

$$d^2(X, G) = (X - \mu)^T \boldsymbol{\Sigma}^{-1} (X - \mu)$$

(三) 多个总体的距离判别

设有 g 个 m 维总体 $G_1, G_2, \cdots, G_g$,均值向量分别为 $\mu_1, \mu_2, \cdots, \mu_g$,协方差矩阵分别为 $\boldsymbol{\Sigma}_1, \boldsymbol{\Sigma}_2, \cdots, \boldsymbol{\Sigma}_g$,则样本 X 到各组的平方马氏距离为

$$d^2(X, G_\alpha) = (X - \mu_\alpha)^T \boldsymbol{\Sigma}_\alpha^{-1} (X - \mu_\alpha) \quad (\alpha = 1, 2, \cdots, g)$$

判别规则为:若

$$d^2(X, G_i) = \min_{1 \leq j \leq g} d^2(X, G_j)$$

则

$$X \in G_i$$

三、灰色关联分析方法

对于两系统之间的因素,其随时间或对象不同而变化的关联性的量度,称为关联度。灰色关联度分析是衡量因素之间发展趋势的相似或相异程度的一种方法,即"灰色关联度"。灰色系统理论是为寻求系统各子系统(或因素)之间数值的关系提出对各子系统进行的灰色关联度分析。因此,灰色关联度分析对于一个系统的发展变化态势提供了量化的度量,非常适合动态历程分析。

灰色综合评价主要是依据以下模型:

$$R = E \times W$$

式中：R 为 M 个被评价对象的综合评价结果向量；W 为 N 个评价指标的权重向量；E 为各指标的评判矩阵。

根据 R 的数值，进行排序。

（一）确定最优指标集

设

$$F = [j_1^*, j_2^*, \cdots, j_n^*]$$

式中：j_k^* 为第 k 个指标的最优值。此最优序列的每个指标值可以是诸评价对象的最优值，也可以是评估者公认的最优值。选定最优指标集后，可构造矩阵 D（矩阵略）。式中 j_k^i 为第 i 个被评价对象第 k 个指标的原始数值。

（二）指标的规范化处理

由于评判指标间通常有不同的量纲和数量级，故不能直接进行比较，为了保证结果的可靠性，需要对原始指标进行规范处理。设第 k 个指标的变化区间为 $[j_{k1}, j_{k2}]$，其中 j_{k1} 为第 k 个指标在所有被评价对象中的最小值，j_{k2} 为第 k 个指标在所有被评价对象中的最大值，则可以用下式将上式中的原始数值变成无量纲值 $C_k^i \in (0,1)$。

$$C_k^i = \frac{j_k^i - j_{k1}}{j_{k2} - j_k^i} \quad (i = 1, 2, \cdots, m; k = 1, 2, \cdots, n)$$

（三）计算综合评判结果

根据灰色系统理论，将 $\{C^*\} = [C_1^*, C_2^*, \cdots, C_n^*]$ 作为参考数列，将 $\{C\} = [C_1^i, C_2^i, \cdots, C_n^i]$ 作为被比较数列，则用关联分析法分别求得第 i 个被评价对象的第 k 个指标与第 k 个最优指标的关联系数，即

$$\xi_i(k) = \frac{\min\limits_i \min\limits_k |C_k^* - C_k^i| + \rho \max\limits_i \max\limits_k |C_k^* - C_k^i|}{|C_k^* - C_k^i| + \rho \max\limits_i \max\limits_k |C_k^* - C_k^i|}$$

式中：$\rho \in (0,1)$，一般取 $\rho = 0.5$；$\xi_i(k)$ 为第 i 个被评价对象的第 k 个指标与第 k 个最优指标的关联系数。

这样综合评价结果为

$$R = E \cdot W$$

若关联度 r_i 最大，则说明 $\{C\}$ 与最优指标 $\{C^*\}$ 最接近，即第 i 个被评价对象优于其他被评价对象，据此可以排出各被评价对象的优劣次序。

四、模糊综合评判方法

模糊识别直接方法的基本思想：设 U 是给定的待识别对象的全体的集合，U 中的每一个对象有 p 个特性指标 $u_1, u_2, \cdots, u_p$。每个特性指标所刻画的是对象 u 的某个

特征,于是由 p 个特性指标确定的每一个对象 u,可记成 $u=(u_1,u_2,\cdots,u_p)$,此式称为特征向量。识别对象集合 U 可分成 n 个类别,且每一类别均是 U 上的一个模糊集,记作:$A_1,A_2,\cdots,A_n$。模糊识别就是把对象 $u=(u_1,u_2,\cdots,u_p)$ 划归一个与其相似的类别 A_i 中。当一个识别算法作用于对象 u 时,就产生一组隶属度 $u_{A_1}(u)$,$u_{A_2}(u),\cdots,u_{A_n}(u)$。它们分别表示对象 u 隶属于类别 $A_1,A_2,\cdots,A_n$ 的程度。建立了模糊的隶属函数后,按照某种隶属原则对对象 u 进行判断,确定它应归属哪一类。

第二节　潘北矿突水水源判别实现

突水水源判别与分析系统分为三个模块:水源判别分析模块、Piper 三线图绘制模块以及水质分析报表模块等,其主界面如图 10-1 所示。

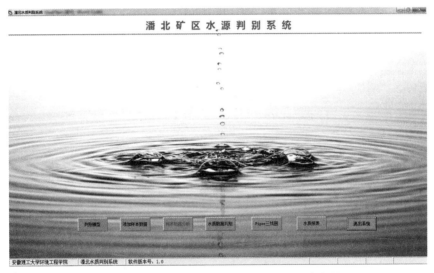

图 10-1　潘北煤矿突水水源判别与分析系统主界面

一、水源判别分析模块

水源判别分析模块具体对应"判别模型"、"添加样本数据"、"样本数据分析"、"水质数据判别"等功能按钮,从左到右依次操作。

其操作流程如图 10-2 所示。

图 10-2　软件操作流程图

点击"判别模型"按钮后,将弹出"判别模型选择"对话框,如图10-3所示。

图10-3 判别模型选择

对话框中"Bayes逐步判别模型"、"模糊综合评判模型"、"距离判别法"、"灰色关联判别模型"分别对应相应的判别方法,选择好判别模型后,点击"确定",回到主界面。

然后点击"添加样本数据"按钮,弹出"样本数据添加"对话框,如图10-4所示。

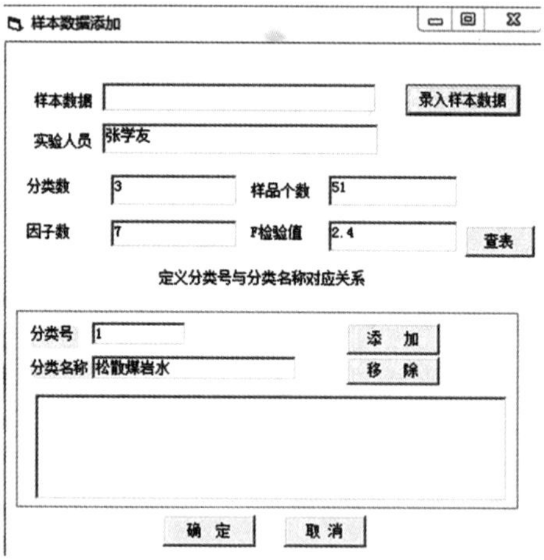

图10-4 样本数据添加框

在图10-5所示界面中点击"确定"按钮,返回主界面,点击"样本数据分析"按钮,后台分析录入的样本数据,此处要注意的除选取"距离判别模型"判别时,会弹出如图10-6所示的中间计算过程对话框外,其他三个判别模型均进行后台计算,没有提示信息。

样本数据分析完成后,可开始进行未知水样数据分析,操作界面如图10-7所示。

如图10-7所示的文本框个数根据需要输入的水质离子数自动调整,顺序与列表框中标题一致。此处可选择"批量添加已处理数据"或"逐条添加"。选择"逐条添加"按钮将文本框中的数据逐条添加入列表框,如图10-8所示。

选择"批量添加已处理数据"按钮,将弹出如图10-9所示的文件选择对话框,要求用户选择数据文件,数据文件选定后,所有数据将在列表框中显示。

选择"确定录入"按钮,弹出如图10-10所示的判别分析结果对话框。

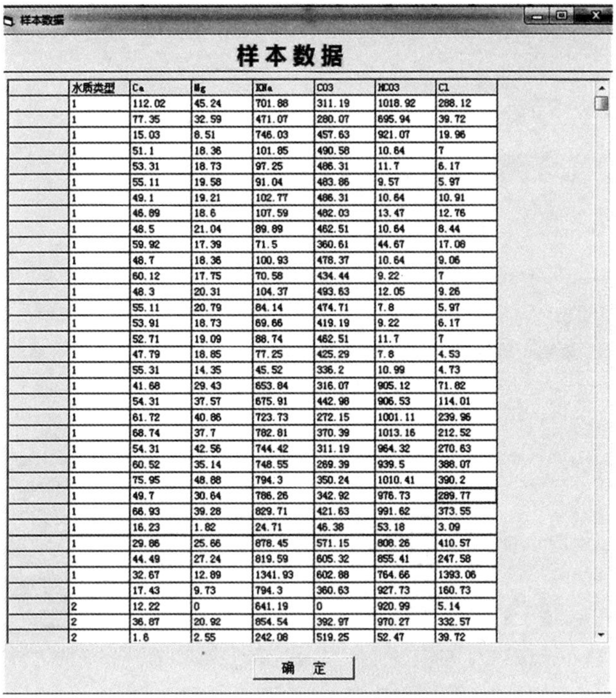

样本数据

水质类型	Ca	Mg	KNa	CO3	HCO3	Cl
1	112.02	45.24	701.88	311.19	1018.92	288.12
1	77.35	32.59	471.07	280.07	695.94	39.72
1	15.03	8.51	746.03	457.63	921.07	19.96
1	51.1	18.36	101.85	490.58	10.64	7
1	53.31	18.73	97.25	486.31	11.7	6.17
1	55.11	19.58	91.04	483.86	9.57	5.97
1	49.1	19.21	102.77	486.31	10.64	10.91
1	46.89	18.6	107.59	482.03	13.47	12.76
1	48.5	21.04	89.89	462.51	10.64	8.44
1	59.92	17.39	71.5	360.61	44.67	17.08
1	48.7	18.36	100.93	478.37	10.64	9.06
1	60.12	17.75	70.58	434.44	9.22	7
1	48.3	20.31	104.37	493.63	12.05	9.26
1	55.11	20.79	84.14	474.71	7.8	5.97
1	53.91	18.73	69.66	419.19	9.22	6.17
1	52.71	19.09	88.74	462.51	11.7	7
1	47.79	18.85	77.25	425.29	7.8	4.53
1	55.31	14.35	45.52	336.2	10.99	4.73
1	41.68	29.43	653.84	316.07	905.12	71.82
1	54.31	37.57	675.91	442.98	906.53	114.01
1	61.72	40.86	723.73	272.15	1001.11	239.96
1	68.74	37.7	782.81	370.39	1013.16	212.52
1	54.31	42.56	744.42	311.19	964.32	270.63
1	60.52	35.14	748.55	269.39	939.5	388.07
1	75.95	48.88	794.3	350.24	1010.41	390.2
1	49.7	30.64	786.26	342.92	976.73	289.77
1	66.93	39.28	829.71	421.63	991.62	373.55
1	16.23	1.82	24.71	46.38	53.18	3.09
1	29.86	25.66	878.45	571.15	808.26	410.57
1	44.49	27.24	819.59	605.32	855.41	247.58
1	32.67	12.89	1341.93	602.88	764.66	1393.06
1	17.43	9.73	794.3	360.63	927.73	160.73
2	12.22	0	641.19	0	920.99	5.14
2	36.87	20.92	854.54	392.97	970.27	332.57
2	1.6	2.55	242.08	519.25	52.47	39.72

图 10－5　样本数据详细信息对话框

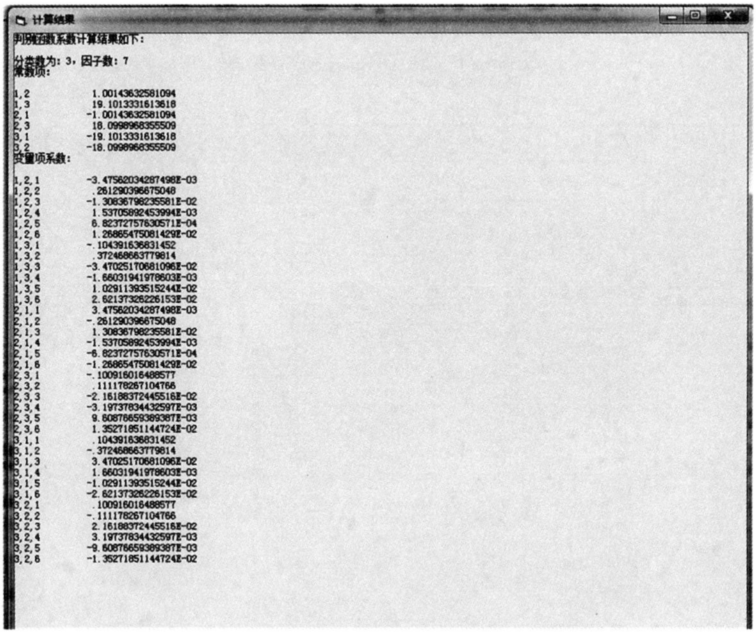

图 10－6　距离判别模型分析中间计算过程界面

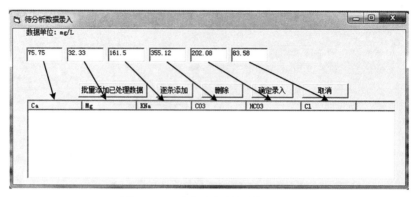

图 10-7　未知水样数据判别分析

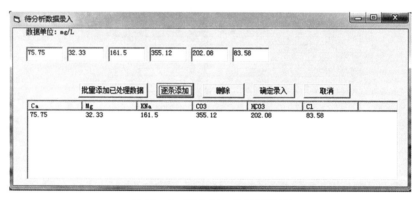

图 10-8　逐条添加待分析数据

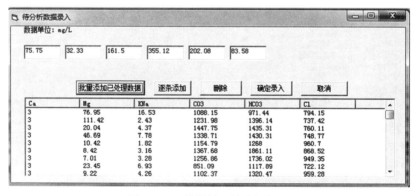

图 10-9　批量输入待分析数据

图 10-10 判别分析结果

二、Piper 三线图绘制模块

点击主界面上的"Piper 三线图"按钮,将弹出如图 10-11 所示的"Piper 三线图"绘制窗口。界面中主要分为定制图形按钮、试验数据录入区、水样类别定义区、数据操作按钮区、数据列表区、绘图区。

点击"批量录入输入数据",将弹出文件选择对话框,提示用户选择要录入的数据文件,数据文件格式与水样判别模块相同,录入数据后的效果如图 10-12 左侧所示。软件自动将录入的数据转化成绘制 Piper 三线图所需的数据,点击界面下方的"确定",将完成 Piper 三线图绘制,如图 10-12 右侧所示。

三、水质报表模块

水质报表模块的功能是根据用户输入的基本数据和信息自动生成报表,启动方法是点击主界面中的"水质报表"按钮,界面如图 10-13 所示。

界面中分为四大区域:数据录入区域、表尾录入区域、表头录入区域和功能按钮区域。其中用户在"数据录入区域"录入水质相关的基本数据,"表尾录入区域"录入报表表尾信息,"表头录入区域"录入报表表头相关信息,"功能按钮区域"为用户执行相关功能需点击的按钮。

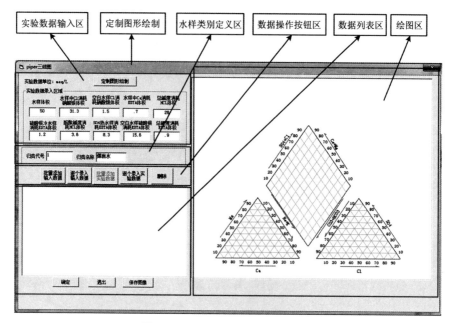

图 10-11　Piper 三线图绘制界面

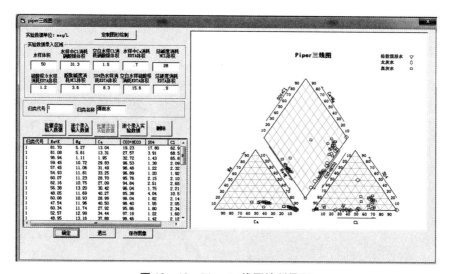

图 10-12　Piper 三线图绘制界面

报表生成所需的数据来自试验数据,点击"根据试验数据生成"按钮,即自动生成报表并转入报表界面,如图 10-14 所示。

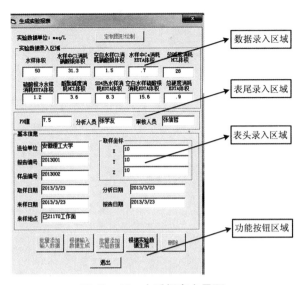

图 10-13　水质报表主界面

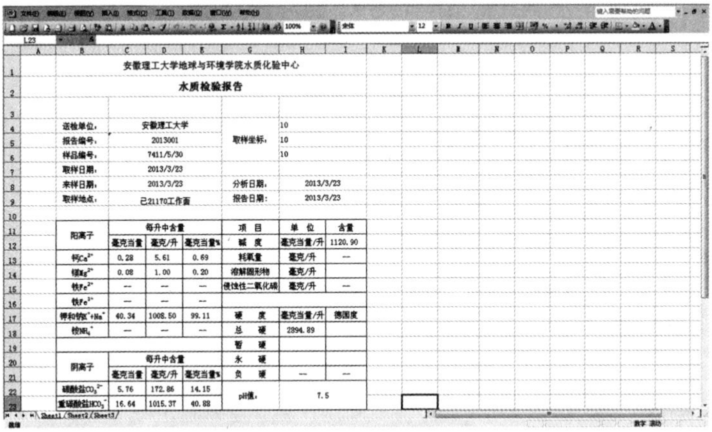

图 10-14　水质报表输出

四、模型应用

选取潘北矿区 $K^+ + Na^+$(X_1)、Mg^{2+}(X_2)、Ca^{2+}(X_3)、SO_4^{2-}(X_4)、Cl^-(X_5)、$HCO_3^- + CO_3^{2-}$(X_6)6 种离子作为评价因子,选取 42 个典型水样作为判别方法的训练样本。其中,太灰水(Ⅰ类)15 个,砂岩水(Ⅱ类)16 个,混合水(Ⅲ类)11 个,共 42 个,如表 10-1 所示。待测样本为 13 个水样,其水质数据如表 10-1 所示,利用判别系统中的距离判别方法对其进行判别,并与 Fisher 方法的判别结果进行比较,其准确率较高,如表 10-2 所示。

表 10-1 训练样本水质数据

编号	评价因子						类型划分
	X_1	X_2	X_3	X_4	X_5	X_6	
1	25.76	10.71	12.75	24.74	20.35	4.13	Ⅰ
2	25.31	12.50	17.34	26.01	25.09	4.04	Ⅰ
3	26.95	10.10	11.07	23.72	20.29	4.10	Ⅰ
4	26.55	10.71	16.07	25.50	23.69	4.13	Ⅰ
5	26.18	10.97	14.79	25.50	22.30	4.13	Ⅰ
6	26.02	9.79	14.18	23.97	21.80	4.22	Ⅰ
7	26.44	9.89	14.33	24.74	21.74	4.19	Ⅰ
8	28.94	9.18	10.71	23.72	21.19	3.92	Ⅰ
9	27.07	9.59	13.36	23.97	21.74	4.31	Ⅰ
10	26.85	8.42	8.93	24.46	15.05	4.66	Ⅰ
11	26.99	9.49	10.15	25.50	16.73	4.40	Ⅰ
12	26.90	7.91	7.91	24.48	13.70	4.57	Ⅰ
13	29.84	9.67	11.20	23.56	21.80	5.36	Ⅰ
14	28.66	9.44	10.97	24.23	20.91	3.92	Ⅰ
15	30.73	12.00	7.92	26.24	19.60	4.80	Ⅰ
16	7.33	12.60	14.18	25.88	4.68	3.54	Ⅱ
17	2.51	15.05	16.07	24.74	4.74	4.15	Ⅱ
18	5.24	13.39	15.30	25.25	4.68	4.00	Ⅱ
19	3.05	14.48	16.12	24.74	4.74	4.17	Ⅱ
20	6.05	13.62	16.22	26.27	5.30	4.32	Ⅱ
21	5.66	14.28	15.30	26.52	4.68	4.03	Ⅱ
22	3.87	13.46	16.88	25.25	4.74	4.23	Ⅱ
23	3.94	13.67	16.93	25.50	4.85	4.19	Ⅱ
24	7.69	12.50	15.56	26.52	5.13	4.09	Ⅱ
25	6.73	13.49	15.45	26.65	5.02	4.00	Ⅱ
26	3.79	14.13	16.47	26.27	4.74	3.38	Ⅱ
27	4.46	13.77	15.56	25.50	4.07	4.21	Ⅱ
28	5.26	13.77	16.07	25.37	5.30	4.43	Ⅱ
29	5.65	13.39	15.81	25.63	5.30	3.92	Ⅱ
30	4.27	13.52	17.60	26.01	5.30	4.07	Ⅱ

续表

编号	评价因子						类型划分
	X_1	X_2	X_3	X_4	X_5	X_6	
31	6.46	13.77	15.05	26.01	5.30	3.96	Ⅱ
32	18.73	7.55	7.75	25.88	3.37	4.77	Ⅲ
33	16.11	8.87	8.47	25.55	3.42	8.97	Ⅲ
34	17.00	7.65	8.93	25.12	3.68	4.78	Ⅲ
35	14.77	9.74	9.38	26.52	2.96	4.42	Ⅲ
36	16.61	8.34	9.00	25.25	4.01	4.69	Ⅲ
37	17.95	8.42	7.91	26.01	3.35	4.91	Ⅲ
38	14.99	10.10	8.77	25.76	3.18	4.93	Ⅲ
39	14.41	8.62	9.23	24.23	3.15	4.88	Ⅲ
40	15.50	7.40	7.91	25.50	2.89	2.41	Ⅲ
41	14.07	3.49	3.65	15.30	2.84	3.06	Ⅲ
42	12.52	9.95	13.01	27.41	5.35	2.71	Ⅲ

注:Ca^{2+}、Mg^{2+}、K^+、Na^+、HCO_3^-、Cl^-、SO_4^{2-}、总硬度、碱度、矿化度单位均为 mg/L。

表 10-2 待测样本水质数据及判别结果

序号	评价因子						评价结果	
	X_1	X_2	X_3	X_4	X_5	X_6	Fisher 判别法	距离判别法
1	28.90	9.21	11.79	23.87	21.28	4.75	Ⅰ	Ⅰ
2	26.22	10.97	14.81	25.52	22.03	4.45	Ⅰ	Ⅰ
3	26.02	9.82	15.21	23.98	21.87	5.20	Ⅰ	Ⅰ
4	24.51	12.73	10.78	22.67	20.75	4.60	Ⅰ	Ⅰ
5	26.32	10.09	16.21	23.51	23.98	5.13	Ⅰ	Ⅰ
6	17.01	7.56	8.89	25.12	3.78	4.56	Ⅲ	Ⅲ
7	14.81	9.67	9.28	26.52	2.96	4.28	Ⅲ	Ⅲ
8	16.26	8.46	9.01	25.24	3.92	4.57	Ⅲ	Ⅲ
9	3.82	13.45	16.78	25.23	4.78	4.04	Ⅱ	Ⅱ
10	5.25	13.88	16.07	25.49	5.32	4.39	Ⅱ	Ⅱ
11	6.52	13.76	15.12	26.02	5.31	4.07	Ⅱ	Ⅱ
12	7.68	12.95	15.56	26.52	5.23	4.44	Ⅱ	Ⅱ
13	4.56	13.89	15.67	25.79	5.67	2.66	Ⅱ	Ⅱ

注:Ca^{2+}、Mg^{2+}、K^+、Na^+、HCO_3^-、Cl^-、SO_4^{2-}、总硬度、碱度、矿化度单位均为 mg/L。

参 考 文 献

[1] 中国统配煤矿总公司技术发展局. 华北型煤田奥灰岩溶水综合防治工业性试验[R]. 1989.

[2] 施龙青,韩进. 底板突水机理及预测预报[M]. 徐州:中国矿业大学出版社,2004.

[3] 虎维岳. 矿山水害防治理论与方法[M]. 北京:煤炭工业出版社,2005.

[4] 煤炭部生产协调司. 国有重点煤矿井田内受小煤矿开采影响安全生产情况的调查[R]. 1995:7.

[5] 中国统配煤矿总公司生产局. 煤矿水害事故典型案例汇编[G]. 煤炭科技情报研究所,1992.

[6] 周治安,王桂梁,李定龙. 马家沟灰岩(古)岩溶研究中的若干问题探讨[J]. 地质科技情报,1997,16(1):33-35.

[7] 薛禹群. 地下水动力学[M]. 北京:地质出版社,1997.

[8] CHEN J Y,et al. Use of water balance calculation and tritium to examine the dropdown of groundwater table in the piedmont of the North Chine Plain(NCP)[J]. Environmental Geology,2003,4(5):564-571.

[9] SRINIVASULU A,et al. Model Studies on salt and water balances at Konanki Pilot Area,Andhra Pradesh,India[J]. Irrigation and drainage Systems,2004,18(1):1-17.

[10] 郑世书,等. 专门水文地质学[M]. 徐州:中国矿业大学出版社,1999.

[11] 张永波,时红. 灰色关联分析在地下水动态类型划分中的应用[J]. 地下水,1994,16(3):136-138.

[12] 邢爱国,胡厚田. 灰色系统理论在矿井用水量预测研究中的应用[J]. 中国矿业,1999,8(6):75-77.

[13] 葛亮涛,叶贵钧,高红烈,等. 中国煤田水文地质学[M]. 北京:煤炭工业出版社,2001.

[14] 王大纯,张人权,等. 水文地质学基础[M]. 北京:地质出版社,1995.

[15] 韩魏,李国敏,黎明,等. 大武水源地岩溶地下水开采动态数值模拟分析[J]. 中国岩溶,2008,27(2):182-187.

[16] 许光泉,葛晓光,赵宏海. 桃园煤矿"四含"三维数值模型及疏放性研究[J]. 安

徽理工大学学报:自然科学版,2006,26(4):17-23.

[17] 丁继红. 国外地下水模拟软件的发展现状与趋势[J]. 勘察科学技术,2002, (1):37-42.

[18] 郝治福,康绍忠. 地下水系统数值模拟的研究现状和发展趋势[J]. 水利水电科技进展. 2006,26(1):77-81.

[19] ABDULLA F A, AL-KHATIB M A, AL-GHAZZAWI Z D. Development of groundwater for the Azraq Basin, Jordan[J]. Environmental Geology, 2000, 40(1-2):1-18.

[20] MERCURIO J W, MILOVAN S BELJIN, BARRY J, et al. Groundwater models and wellfield management: a case study[J]. Environmental Engineering and Policy, 1999, (3):155-164.

[21] NGUYEN CAO DON, HIROYUKI ARAKI, HIROYUKI YAMANISHI, et al. Simulation of groundwater flow and environmental effects resulting from pumping[J]. Environmental Geology, 2005, 47(3):361-374.

[22] TODD W RAYNE, KENNETH R BRADBURY, MAUREEN A Muldoon. Delineation of capture zones for municipal wells in fractured dolomite, Sturgeon Bay, Wisconsin, USA[J]. Hydrogeology Journal, 2001, 9(5):432-450.

[23] JONATHAN LEVY, GORDON CHESTERS, DANIEL P Gustafson, et al. Assessing aquifer susceptibility to and severity of atrazine contamination at a field site in south-central Wisconsin, USA[J]. Hydrogeology Journal, 1998, 6(4):483-499.

[24] 张渊. 带压开采底板突水破坏规律与突变模型研究[D]. 太原:太原理工大学,2002.

[25] 黎良杰. 采场底板突水机理的研究[D]. 北京:中国矿业大学,1995.

[26] 王作宇,刘鸿泉. 承压水上采煤[M]. 北京:煤炭工业出版社,1993.

[27] 刘永贵. 山东省煤矿水害特征及防治技术途径研究[D]. 青岛:山东科技大学,2007.

[28] REIBIEC M S. Hydrofracturing of rock as a method of water, mud and gas inrush hazards in underground coalmining[J]. 4th IMWA, Yugoslavia, 1991:1.

[29] ZHANG JINCAI. Investigations of water inrushes from aquifers under coal seams [J]. International Journal of Rock Mechanics and Mining Sciences, 2005, 42(5):350-360.

[30] ZHU CHUANYUN, XU GUISHEN. Analysis and study on dealing with blasting wave as planar-wave [J]. Rock and Soil Mechanics, 2002, 23(4):

455-458.

[31] 胡春玲.里彦矿灰岩水对下组煤安全开采影响的研究[D].泰安:山东科技大学,2005.

[32] 王军.矿井地下水防治新进展[J].采矿技术,2002,9(3):18-21.

[33] 王永红,沈文.中国煤矿水害预防及治理[M].北京:煤炭工业出版社,1996.

[34] 徐敏.承压水上开采底板失稳破坏规律研究[J].矿山压力与顶板管理,2005,2(2):93-96.

[35] 施龙青.底板突水机理研究综述[J].山东科技大学学报,2009,28(3):17-23.

[36] 山东矿业学院.第三届国际矿山防治水会议论文集[C].泰安:山东矿业学院出版社,1990.

[37] 靳德武.我国煤层底板突水问题的研究现状及展望[J].煤炭科学技术,2002,30(6):1-4.

[38] 马培智.华北型煤田下组煤带压开采突水判别模型与防治水对策[J].煤炭学报,2005,30(5):608-612.

[39] 许学汉,王杰.煤矿突水预测预报研究[M].北京:地质出版社,1992.

[40] 沈继方,于青春,胡章喜.矿床水文地质学[M].武汉:中国地质大学出版社,1992.

[41] 李定龙.皖北奥陶系古岩溶及其环境地球化学特征研究[M].北京:石油工业出版社,2001.

[42] 马国哲.平凉市灰岩岩溶水赋存规律探讨[J].甘肃地质,2001,10(1):63-68.

[43] 王延福,靳德武,曾艳京,等.岩溶煤矿矿井煤层底板突水非线性预测方法研究[J].中国岩溶,1998,17(1):57-66.

[44] 王延福,庞西岐,靳德武,等.岩溶矿井煤层底板突水的非线性动力学模型[J].中国岩溶,2000,19(1):81-90.

[45] 王延福,庞西岐,靳德武,等.岩溶煤矿矿井煤层底板突水预测的相空间重构[J].中国岩溶,1999,18(3):119-127.

[46] 王延福,靳德武,曾艳京,等.岩溶矿井煤层底板突水系统的非线性特征初步分析[J].中国岩溶,1998,17(4):331-341.

[47] WANG FANG, GUO YU. Geological barrier-a natural rock stratum for preventing confined karts water from flowing intomines in North China [J]. Environment Geology, 2001, 40(5): 1 003-1 009.

[48] 邵爱军.煤矿地下水与底板突水[M].北京:地震出版社,2000.

[49] 中华人民共和国煤炭工业部.矿井水文地质规程[M].北京:煤炭工业出版社,1984.

[50] 国家煤炭工业局. 建筑物、水体、铁路及主要井巷煤柱留设与压煤开采规程[M]. 北京:煤炭工业出版社,2000.

[51] 李白英,弭尚振. 采矿工程水文地质学[M]. 泰安:山东矿业学院,1988.

[52] 李白英. 预防煤矿底板突水的"下三带"理论及其发展与应用[J]. 山东矿业大学学报:自然科学版,1998,24(2):132-136.

[53] 钱鸣高,缪协兴,许家林. 岩体控制中的关键层理论研究[J]. 煤炭学报,1996,21(3):225-230.

[54] 黎良杰,钱鸣高,李树刚. 断层突水机理分析[J]. 煤炭学报,1996,(21):22-24.

[55] 黎梁杰,钱鸣高,闻全,等. 底板岩体结构稳定性与底板突水关系的研究[J]. 中国矿业大学学报,1995,6(4):38-41.

[56] CHAPIUS ROBERT P CHENAF. Effect of monitoring and pumping well pipe capacities during pumping tests in confined aquifers [J]. Canadian geotechnical journal, 2003, 40(6): 1 093-1 103.

[57] 缪协兴,浦海,白海波. 隔水关键层原理及其在保水采煤中的应用研究[J]. 中国矿业大学学报,2008,37(1):1-4.

[58] 白海波. 奥陶系顶部岩层渗流力学特性及作为隔水关键层应用研究[D]. 徐州:中国矿业大学,2008.

[59] 宋景义,王成绪,等. 论承压水在岩体裂隙中的静力学效应[J]. 煤科总院西安分院文集,1991(5).

[60] 周冬磊,王连国,黄继辉,等. 裂隙岩体应力渗流耦合规律及对底板隔水性能研究[J]. 金属矿山,2011,425:53-57.

[61] 李利平,李术才,石少帅,等. 基于应力—渗流—损伤耦合效应的断层活化突水机制研究[J]. 岩石力学与工程学报,2011,(30):3 295-3 303.

[62] 李金凯,等. 矿井岩溶水防治[M]. 北京:煤炭工业出版社,1990.

[63] 钟亚平. 开滦煤矿防治水综合技术研究[M]. 北京:煤炭工业出版社,2001.

[64] SAMSUNLU A, AKCA L, USLU O. Problems related to an existing marine outfall: Marmaris an example[J]. Water Science and Technology, 1995, 32(2): 225-231.

[65] PALARDY, DANIELLE, BALLIVY, et al. Injection of a ventilation tower of an underwater road tunnel using cement and chemical grouts[J]. Geotechn Spectical Publication, 2003, (120Ⅱ): 1 605-1 616.

[66] 许光泉,桂和荣,吴基文. 煤矿底板突水分析及底板水防治[J]. 地下水,2001,23(3):141-143.

[67] 王希良,彭苏萍,郑世书. 深部煤层开采高承压水突水预报及控制[J]. 辽宁工程技术大学学报,2004,23(6):758-760.

[68] BOONE S J, HEENAN D Compensation grouting[J]. Civil Engineering, 1997:3941.

[69] 王一新,李茂华. 注浆模拟试验的研究现状[J]. 河南科技,2008,(9):74-75.

[70] ZHUSUPBEKOV A Z. Anchoring of soils of foundations by amethod of grouting. International conference on Anchoring & Grouting towards the New Century[J]. Guangzhou, China, 1999:140-142.

[71] 李哲,仵彦卿,张建. 高压注浆渗流数学模型与工程应用[J]. 岩土力学,2005,26(12):1972-1976.

[72] VIELBYE T A. 利用超细水泥进行岩石灌浆[J]. 岩石与混凝土灌浆译文集,1995:40-47.

[73] JANSON T, et al. Grouting of jointed rock-a case study, Grouting in Rock and Concrete[M]. Rotterdam:Widmann(ed) Balkema,1993.

[74] 王国际. 注浆技术理论与实践[M]. 徐州:中国矿业大学出版社,2000:37-39.

[75] 卜昌森,张希诚,尹万才,等. "华北型"煤田岩溶水害及防治现状[J]. 地质论评,2001,47(4):405-410.

[76] 武强,金玉洁. 华北型煤田矿井防治水决策系统[M]. 北京:煤炭工业出版社,1995.

[77] 煤炭科学研究总院西安分院. 开滦赵各庄矿奥灰疏水降压工程初步设计[R]. 唐山:开滦(集团)有限责任公司,1990.

[78] 郭国政. 古汉山矿煤层底板加固与隔水层保护[J]. 煤炭工程,2007,(12):61-63.

[79] 邢奇生,孟宪义,安栓志. 车集煤矿采煤工作面底板水害防治[J]. 煤炭工程,2003,(7):16-17.

[80] 郝哲,王来贵. 岩体注浆理论与应用[M]. 北京:地质出版社,2006.

[81] 黄德发,王宗敏,杨彬. 地层注浆堵水与加固施工技术[M]. 徐州:中国矿业大学出版社,2003.

[82] 庞迎春. 底板加固法防治杨庄矿底板突水[J]. 煤炭技术,2004,23(9):52-53.

[83] 高延法,施龙青,娄华君,等. 底板突水规律和突水优势面[M]. 徐州:中国矿业大学出版社,1996.